国家重点研发计划资助(National Key R&D Program of China)
(项目编号：2017YFF0210100)

制药过程分析技术
应用指南

上海药品审评核查中心　编著

华东理工大学出版社
EAST CHINA UNIVERSITY OF SCIENCE AND TECHNOLOGY PRESS
·上海·

图书在版编目(CIP)数据

制药过程分析技术应用指南 / 上海药品审评核查中心编著. —上海:华东理工大学出版社,2023.8
ISBN 978 - 7 - 5628 - 7249 - 8

Ⅰ.①制… Ⅱ.①上… Ⅲ.①制药工业-化工过程-分析-指南 Ⅳ.①TQ460.3-62

中国国家版本馆 CIP 数据核字(2023)第 123534 号

内 容 提 要

本书对过程分析技术在制药行业的应用做了概述,介绍了国外制药领域过程分析技术相关法规与指南,针对我国制药企业应用过程分析技术的难点和现状,结合"口服固体制剂生产过程实时检测及控制关键技术、应用及相关监管法规研究"的研究,以过程分析技术在片剂和硬胶囊剂的应用为主线,围绕项目管理、选择产品和工艺、过程分析仪器和设备、模型构建和决策、计算机化系统验证、风险管理和持续改进七个方面对过程分析技术的理论和应用进行了全面、系统的阐述,为我国制药企业应用过程分析技术提供了思路、解决方案和实际案例,以期为推广过程分析技术在我国制药企业的科学、规范应用提供专业指导。

项目统筹 / 马夫娇

责任编辑 / 赵子艳

责任校对 / 张 波

装帧设计 / 居慧娜

出版发行 / 华东理工大学出版社有限公司
     地址:上海市梅陇路 130 号,200237
     电话:021 - 64250306
     网址:www.ecustpress.cn
     邮箱:zongbianban@ecustpress.cn

印 刷 / 上海新华印刷有限公司

开 本 / 710 mm×1000 mm 1/16

印 张 / 12

字 数 / 195 千字

版 次 / 2023 年 8 月第 1 版

印 次 / 2023 年 8 月第 1 次

定 价 / 98.00 元

制药过程分析技术应用指南
编委会

主　　编　张　华

副 主 编　俞佳宁　徐　赜

编　　委（以姓氏笔画为序）

　　　　　于永爱　朱振明　张毓涛　张耀华　陆　峰
　　　　　柯　樱　颛孙燕

编写人员（以姓氏笔画为序）

　　　　　于永爱　王晓雨　韦　欣　史　芸　付秋雁
　　　　　冯玉贞　朱佳娴　邹任贤　张　闯　张胤杰
　　　　　陆　峰　陈　刚　陈　辉　周一萌　柳　涛
　　　　　俞佳宁　施绿燕　姚志湘　徐　赜　唐文燕
　　　　　曹　辉　楼双凤　詹德坚　谭建新　颛孙燕

审稿人员（以姓氏笔画为序）

　　　　　汤继亮　李晓明　陈桂良　陈彬华　罗家立
　　　　　郑　强　谈武康　董江萍　管日建　瞿海斌

前言

为贯彻落实《国务院关于改革药品医疗器械审评审批制度的意见》和上海市委《关于加快建设具有全球影响力的科技创新中心的意见》,上海药品审评核查中心(以下简称"上海药审核查中心")以满足人民群众用药需求为导向,以深化改革、创新机制、服务发展、提升能力为重点,以建设"国内一流、国际有影响力"的药品审评核查机构为目标,坚持"四个最严"要求,积极探索适应制药新技术的科学监管方式。

2017年,上海药审核查中心参与了上海医药集团股份有限公司牵头的国家重点研发计划项目"口服固体制剂生产过程实时检测及控制关键技术、应用及相关监管法规研究"(项目编号:2017YFF0210100)(以下简称"PAT项目"),承担了课题"PAT相关的药品监管法规草案和实施指南"(课题编号:2017YFF0210101)的研究工作。"上海药审核查中心"课题组针对我国尚无过程分析技术(process analysis technology,PAT)相关的药品监管法规的现状,借鉴欧美过程分析技术相关药品GMP指南的规定,结合我国过程分析技术实际应用的状况,组织编写了本指南,以指导国内制药企业在片剂和硬胶囊剂的生产中科学、规范地应用过程分析技术。

本指南共9章,包括概述、国外制药领域过程分析技术相关法规与指南、制药企业应用过程分析技术的项目管理、应用过程分析技术的产品和质量指标选择、过程分析仪器和设备、过程分析数据模型与决策、过程分析技术相关的确认与验证、过程分析技术相关的质量风险管理、过程分析技术在药品质量管理持续改进中的应用。本指南对过程分析技术在制药行业的应用做了概述，介绍了国外制药领域过程分析技术相关法规与指南，针对我国制药企业应用过程分析技术的难点和现状，结合 PAT 项目的研究，以过程分析技术在片剂和硬胶囊剂的应用为主线，围绕项目管理、选择产品和工艺、过程分析仪器和设备、模型构建和决策、计算机化系统验证、风险管理和持续改进七个方面对过程分析技术的理论和应用进行了全面、系统的阐述，为我国制药企业应用过程分析技术提供了思路、解决方案和实际案例，以期为推广过程分析技术在我国制药企业的科学、规范应用提供专业指导。

参与编写的单位有 PAT 项目相关各课题的承担单位，即上海药审核查中心、上海如海光电科技有限公司、中国人民解放军海军军医大学、上海上药中西制药有限公司，还有涉及过程分析技术应用的各相关方，包括大学院校、仪器设备制造商、国内外制药企业等。参加编写的人员有上海药审核查中心的检查员与审评员颗孙燕、柳涛、俞佳宁、唐文燕、张闻、邹任贤、朱佳娴、施绿燕、曹辉、徐赜、楼双凤、周一萌、韦欣、付秋雁、谭建新，中国人民解放军海军军医大学的陆峰教授、陈辉，广西科技大学的姚志湘教授，上海如海光电科技有限公司的于永爱、詹德坚、史芸，上海上药中西制药有限公司的朱振明、张胤杰、王晓雨、冯玉贞，上海碳酸钙厂有限公司的陈刚博士等。统稿人员为上海药审核查中心原副主任张华。

本指南编写过程中，PAT 项目的牵头单位上海医药集团股份有限公司柯樱总监（项目负责人）、张耀华副总裁、张毓涛总监、沈佳琳、张建忠、戴厚玲和李晓东为编写组提供了专业指导和大力支持，项目各课题负责人及课题组成员对书稿各章节编排和内容编写也提出了专业的建议和意见。

本指南的编写还得到了国内外制药行业知名专家的大力支持和专业指导。中国食品药品国际交流中心董江萍主任、上海药审核查中心陈桂良主任、浙江大学药物信息学研究所瞿海斌教授、北京大学药物信息与工程研究中心郑强主任、原上海市食品药品监督管理局药品安全监管处处长谈武康、上海医药工业研究院汤继亮研究员、上海医药集团股份有限公司陈彬华教授级高级工程师、上海誓炬医药科技有限公司管日建总经理、制药质量学 & 解析服务公司（pharmaceutical quality science & solution services，PQS+）创始人李晓明博士、曾任职于勃林格殷格翰生物药业（中国）有限公司的罗家立博士等众多专家对本指南进行了审稿,提出了严谨、细致、专业和有价值的修改意见。四川省医药保化品质量管理协会前会长钟光德、辽宁省检验检测认证中心首席专家魏晶、辉瑞的智能制造团队成员戴昊(中国)、洪克(美国)、钟纬恒(加拿大)等为本指南的编写和修改提出了宝贵的意见。在此向各位领导、专家和同仁为本指南编写和定稿所付出的努力及其贡献一并致以诚挚的感谢。

　　过程分析技术是一项多学科知识综合运用的技术,涉及机电、设备、自动化控制、制药工程、计算机软件、化学计量学、数理统计等专业,本指南的编写仅立足于课题研究的范围,且由于编写人员水平所限,存在的疏漏或不妥之处,恳请广大读者批评指正。

上海药品审评核查中心课题组
2023.2

目录

第8章　过程分析技术相关的质量风险管理　　147

第 1 章 概 述

【本章概要】 本章主要介绍过程分析技术的基本概念,包括过程分析技术的定义与组成,制药工业应用过程分析技术在质量、安全、效率方面可获得的益处,简述过程分析技术与自动化制造、数字化制造、连续制造、智能制造的关系,介绍过程分析技术在国内外制药工业中的应用情况,分析制约我国制药工业应用过程分析技术的因素。

1.1 过程分析技术的基本概念

1.1.1 过程分析与过程分析技术的定义

过程分析(process analysis,PA)作为分析化学或测量科学的分支,其狭义的定义通常是指采用现场使用的设备或仪器对过程中的物料进行物理和化学分析,包括采用单变量传感器测量工艺过程中的传统物理变量,如温度、压力、流量等。过程分析应用于工业制造、环境监测(如污水处理)、危险品监测等领域,并随着其应用日益广泛和深入,它的内涵也在不断变化着。目前复杂的物理和化学分析也能实现实时测量,现代的过程分析更多的是指单靠传统的物理变量无法实现测量的项目,如在制药工业中广泛应用的近红外光谱分析、拉曼光谱分析。近年来,工业界对过程数据的重视程度逐年上升,从而进一步推动了过程分析技术的进步,技术的工业化程度不断加深,数据采集工具已可实现多种产品关键属性或工艺性能同步测量和采集的功能,如可同步完成生物学、物理和化学多个变量的测量,同时实现无损测量,提高产品收率。

过程分析与实验室离线检测最主要的不同点在于实时性,生产过程中产品出现质量不合格或低劣的事故通常很难通过实验室离线检测的方法找到其根本原因,但应用过程分析则可以实现对生产过程的相对趋势做出判断,实现实时监控。

过程分析的实时性通常采用三种方式来实现,即近线检测(at-line)、在线检测(on-line)和线内检测(in-line)。近线检测是指样品经取样、分离后尽可能接近生产线进行测定的方式。在线检测是指样品直接取自生产线,测定完成后也可再返回生产线中的测定方式。线内检测是指样品不离开生产线的测定方式,可以是嵌入式或非嵌入式的测定。

人们一般将过程分析中应用于工业制造领域的对生产过程进行实时监测或控制的技术称为过程分析技术。在不同的场景中,过程分析与过程分析技术时常可以通用。在制药工业领域,过程分析技术更为业界人士所普遍使用,本书也主要使用过程分析技术的表述进行论述。

在制药工业领域,美国食品药品监督管理局(Food and Drug Administration,FDA)在 2004 年 9 月颁布的《行业指南:过程分析技术(PAT)——用于规范药品研发、生产与质量保证创新的框架》(Guidance for Industry:PAT-A Framework for Innovative Pharmaceutical Development Manufacturing and Quality Assurance)中对过程分析技术做了更为广义的定义,是指使用一系列工具,采用过程分析仪器对物料或产品在工艺过程中的关键质量属性和工艺性能进行实时测量,来设计、分析和控制生产过程,保证最终产品质量的系统。这里所说的过程分析,不仅是指传统制药行业中常见的理化分析或微生物分析,更是指多学科的综合分析,涉及物理、化学、微生物、数学和风险分析等。它不以传统制药工业中所用的固定时间点来判定工艺过程的终点,而是以目的产物是否达到了质量标准来判定。美国 FDA 对过程分析技术的这一定义大大超越了其原先狭义的范畴,赋予其在制药工业领域独特的内涵,包含了影响药品生产过程质量与效率的所有因素,并与质量源于设计(quality by design,QbD)相关联,涵盖了整个产品生命周期。这与目前国际公认的制药质量体系的理念是一致的,即产品质量不是检验出来的,而是设计和生产出来的。

1.1.2 过程分析技术的组成

过程分析技术主要由硬件和软件两部分组成,硬件部分包括过程分析仪器、过程分析的实施途径(如与过程分析相关的生产工艺设备和设施)、数据采集与仪器控制单元,软件部分包括过程分析方法开发、数据处理与化学计量学。

过程分析仪器包括分析仪和传感器两大类,通常需要固定安装在生产设备或设施的特定位置上,发挥实时监测的功能。数据采集与仪器控制单元作为独立的电子系统,发挥数据采集和存储、远程仪器控制、实时化学计量学模型运算、仪器诊断和实时测量质量保证的功能。

过程分析方法开发包括确定实时检测的关键质量属性或工艺性能,检测合格的标准,检测的准确度和精度、范围、速度、灵敏度等,取样的方式、频率、样本量等。数据处理与化学计量学则作为过程分析技术的工具,发挥从大量实时检测数据中提取隐藏的有效信息,将化学知识和理论与统计分析规则相结合,建立产品质量属性与关键物料和工艺性能测量值之间的数学关系的作用。

1.2　制药工业应用过程分析技术的益处

显而易见的是,过程分析技术应用于制药工业领域,能在改进产品质量的同时,很好地解决药品生产管理的有效性和及时性问题,避免批次取样和检验方法所固有的局限性。传统的药品生产通常采用批量生产、间歇生产的方式,使用批次取样和离线检测的方法评价产品质量,即人工或自动从生产设备或生产线上取样后送到质量控制实验室进行离线检测,符合质量标准的则予以批准放行。确保对药品生产过程进行有效和及时的管理一直是制药工业面临的挑战。尽管批次取样和离线检测的方法已能较好地为人们提供合格的药品,但其局限性在一定程度上限制了生产效率。例如,用取出的样品代表整批产品,由于取样所固有的局限性和偶然性,难以保证样品检验结果能够代表整批产品的质量,同时,又因取样和检验需耗费时间,检验数据往往在生产过程之后才能获得,存在一定的滞后性。

应用过程分析技术可使工艺过程的设计与开发建立在完全理解产品和工艺的基础上,把质量构建入产品中,确保能持续稳定地生产出符合预定质量标准的产品。应用过程分析技术在质量、安全、效率方面获得的益处,因产品和工艺过程的不同而有所不同,可概括为以下六个方面。

(1)缩短生产周期:可实时在线监测关键工艺参数,避免因采样、离线检测等造成的时间浪费,有效缩短生产时间,提高生产效率。

(2)保证生产过程的连续性,降低污染风险:对于一些洁净度要求高的生产过程,人工采样可能会造成生产系统或产品被污染,应用过程分析技术可避免生产过程中的人工采样,保证生产过程的连续性。

(3)对于危险性较高的生产过程,应用过程分析技术可避免在生产过程中的人工采样和生产操作,提高操作的安全性。

(4)实现实时放行检测(real time release testing,RTRT),降低检验成本:可实现在生产过程中对产品关键质量属性或关键工艺参数的快速、准确测定,实现实时放行检测,与传统离线检测方法相比大大降低了样品检验成本。

(5)实现生产过程的自动化和智能化,减少人为误差,并提高生产操作的一致性:可实时在线监测关键工艺参数,并通过设定的程序准确调整工艺参数,提高整个生产周期的自动化和智能化水平,减少因人工操作而可能引起的人为误差。

(6)预防和减少产品不合格、报废、返工的情况:应用过程分析技术后,因能对生产过程中的变量进行实时调整和控制,可有效保证产品的质量,降低质量风险。

因此,未来应用过程分析技术的药品生产过程可能是:

(1)在工艺设计和开发阶段决定产品的质量和性能的有效性。

(2)基于对可能影响产品质量的物料质量标准和工艺参数的理解,制定相应的控制标准。

(3)在生产过程中对产品质量进行实时在线监控。

(4)按照最新的法规要求制定相应的管理规程。

(5)基于风险进行管理。

(6)对工艺及物料进行科学分析。

(7)通过过程分析技术降低不合格产品出现的概率及风险。

总之,基于 QbD 的理念设计与开发的采用过程分析技术的生产工艺,能做到产品的高质量与生产操作的安全性、高效率并存。这也很好地说明了过程分析技术日益受到制药工业界重视并广泛应用的原因。

1.3 与过程分析技术相关的先进制造技术

与过程分析技术相比,很多制药工业的业界人士可能对连续制造、智能制造表现出更大的兴趣和热情。然而,我国制药工业目前整体自动化水平较低,普遍仍处于机械化阶段,仅有化学原料药和辅料生产的局部单元操作实现了自动化制造,制剂生产仍采用批量制造、间歇制造的传统生产方式,越来越多的制药企业采用包装流水线自动包装制剂成品也不过十多年。过程分析技术作为实现药品生产自动化制造、数字化制造、连续制造和智能制造所依赖的基础技术之一,是我国制药工业生产方式升级换代必须跨越的技术门槛,因此,我们有必要对过程分析技术与自动化制造、数字化制造、连续制造和智能制造的关系有一个清晰和理性的认识。

1.3.1 自动化制造

自动化(automation)是指由一个或多个自动控制系统或装置构成的、没有人工直接干预的生产过程。在经历了 20 世纪 40—50 年代的局部自动化时期及 20 世纪 50 年代末至今的综合自动化时期后,自动化不仅从最初的以机械方式大量代替人的体力劳动,逐步发展到代替或辅助人的脑力劳动,从产品的生产制造过程扩展到研发或设计在内的产品生命周期所有阶段,甚至达到智能控制的水平,应用范围极为广泛,对人类的生产、生活方式已经并仍在产生深远的影响。

以红外分光光度计为代表的过程分析技术最早于 20 世纪 30 年代应用于石化行业,逐步开启了石化、化工行业应用过程分析技术的时代,并最终成为行业主流,实现了流体或粉体的化学处理自动化。

从自动化的发展历程和应用范围来看,它比过程分析技术应用的范围广泛得多,有些单元操作实现自动化制造并不一定要采用过程分析技术。但原料药的生产过程与化工产品类似,药品制剂的生产过程也同样是流体或粉体的加工过程,要实现自动化制造,则过程分析技术是必不可少的技术手段之一。

尽管很多药品包装过程目前已经完全实现自动化,在线实时监控包装过程的技术也已得到广泛应用,如数码成像系统用于识别外观有缺陷的片剂、胶囊或打印有缺陷的标签,动态天平用于实时监测已装盒药品的质量,自动剔除装盒过程中缺少说明书的产品等。但这些在线实时监控技术不在本书所论述的过程分析技术范围内,本书论述的需要应用过程分析技术的药品生产过程不包括药品包装过程,而主要是指原料药和制剂包装操作之前的加工过程。

1.3.2 数字化制造

数字化制造就是工业制造的数字化,指在虚拟现实、计算机网络、快速成型、数据库和多媒体等支撑技术的支持下,根据用户需求,迅速收集资源信息,对产品信息、工艺信息和资源信息进行分析、规划和重组,对产品进行设计和功能的仿真以及原型制造,快速生产出达到用户要求性能的产品的整个制造全过程。它包括以设计、控制、管理为中心的三个不同层面的数字化制造技术,是实现智能制造的基础之一。

过程分析技术在制药工业中的应用必须依赖于数字化制造技术。以药品生产过程为例,过程分析技术的应用从通过传感器或过程分析仪器测量获得的单元操作的工艺、物料或产品的信号开始,该信号需要通过数据采集和仪器控制单元自动转化为数字,应用过程分析技术的工具从数据流中提取出有效信息实时进行化学计量学模型运算,并根据运算结果实时对工艺过程进行必要的调整和控制。这个过程涉及信号或数据采集、数据交换和传输、数字化模型、数据处理、数据管理的综合应用,是应用过程分析技术的难点之一。只有解决了这个技术难点,药品的生产方式才有可能转型升级到智能化的水平。因此,要在药品生产过程中应用过程分析技术必然会同时提升制药企业的数字化制造水平。

1.3.3 连续制造

连续制造是不同于传统的批量制造、间歇制造的生产方式,在从原料投入生产到成品制成的整个生产过程中,各个工序依次连续进行,中间没有中断,是一个动态生产系统。上道工序每生产出一个单位的中间产品即转移到下道工序继续进行生产,并对生产过程中的中间产品或最终产品进行实时放行检测。连续制造的工艺是一个由多个单元操作所组成的集成工艺。

将连续制造技术应用到药品生产过程,其前提条件是每个单元操作要实

<<<< --

现自动化和数字化制造,多个单元操作需要应用过程分析技术,并达到实时产品质量监控甚至是实时放行检测的水平。因此,过程分析技术是药品生产实现连续制造的基础之一,没有过程分析技术的应用,就不可能实现药品生产的连续制造。

在药品生产过程中应用连续制造技术有很多优点。与批量制造相比,连续制造所用的生产设备占地面积小,从药品研发到商业化生产可能不需要经过工艺放大的过程,生产量可以根据市场的需求灵活调整,生产效率高,可以大幅降低生产成本。然而,连续制造技术也给生产过程和产品质量控制带来了极大的挑战。譬如,在正常操作期间,一旦有一道工序在生产过程中发生故障,就会造成整个连续制造生产系统的停产。又如,连续投入生产的物料关键质量属性、工艺条件或环境因素可能在生产过程中存在瞬态扰动,从而导致出现不合格的中间产品或成品,但无法采用传统批量制造的质量控制方式,利用生产各工序之间的中断或等待间歇,追溯与隔离不合格的中间产品或成品,使其不得进入下道工序的生产或产品放行。因此,药品连续制造工艺的设计与开发既要考虑对每个单元操作的工艺理解,又要考虑对整个生产系统集成工艺的理解,解决因生产方式从批量制造转换为连续制造所特有的工艺过程与产品质量控制的问题,例如批的定义、取样位置、不合格物料或中间产品在生产过程中的分流、实时放行检测、质量标准制定、设备故障的处置,以及系统集成、数据处理和管理。这些问题在美国 FDA 于 2019 年 2 月发布的《行业指南:连续制造的质量考量(草案)》中均有详细论述。

1.3.4　智能制造

智能制造是基于新一代信息通信技术与先进制造技术深度融合,贯穿于设计、生产、管理、服务等制造活动的各个环节,具有自感知、自学习、自决策、自执行、自适应等功能的新型生产方式,可取代或延伸制造领域专家部分分析、判断、推理、构思和决策的智能脑力活动,从而极大提高生产效率和产品质量。

工业和信息化部产业发展促进中心与中国医药企业管理协会于 2020 年编制的《中国制药工业智能制造白皮书(2020 年版)》中指出,“制造业正迎来第四次工业革命,即工业 4.0,旨在运用信息整合和控制系统打造智能工厂、实现智能制造”。“工业 4.0 通过信息物理系统(CPS)网络实现人员、机器、物料、环境和信息等要素的相互映射、实时交互与高效协同,以及系统内资源配置和运行的按需响应、快速迭代和动态优化,使系统具备更高的可靠性、安全性和执行效率。以信息整合和控制系统为基础,将智能设备进行互联组成智能业务单元,比如智能研发单元、智能生产线、智能质控单元、智能仓储单元等。将智能业务单元网络互联组成智能业务模块,进一步建成智能工厂,最终不同地域、行业、企业的智能工厂互联形成智能制造网络"。

由此可见,制药企业要实现智能制造首先要将药品的生产设备,以及包括研发、生产、质量控制、仓储、计划和管理在内的各个业务单元都提升到智能化的水平,其中智能化生产单元必不可少地包括各个单元操作的自动化、数字化和智能化,有些单元操作的自动化、数字化和智能化依赖于过程分析技术的实施,并实现连续制造生产方式。

制药企业未来实现智能制造后,可从药品研发、生产、流通和终端消费全链条提升质量,提升效率,优化成本,并采用创新的企业运营模式,根据不同的用药需求实时进行高效的管理决策,自动排产,确定物料采购计划和产品配送计划,或者为不同的患者定制生产药品,满足罕见病、传染病患者对药品的特殊需求,从而使患者用药在品种、数量和价格上的需求都可以得到更好的满足。

1.4 制药工业应用过程分析技术的关注重点

1.4.1 应用过程分析技术的重心——对工艺过程的理解

根据过程分析技术在工业制造领域应用程度的不同,可将其划分为实时监测(real‐time monitoring, RTM)、实时保证(real‐time assurance, RTA)和实时放行(real‐time release, RTR)三个水平。实时监测水平是指将过程分析的数据经过合适的化学计量学方法进行处理,从中提取出相对有意义的工艺"特征",用于监测生产过程中物料或产品的各种物理或化学变量。它是过程分析技术应用最为基础的水平。实时保证水平是指通过挖掘多个过程分析数据流之间的相互关系,加深对工艺过程的理解,利用确定的模型关系能够实现对感兴趣的产品的关键质量属性(critical quality attribute, CQA)进行实时监测,并给出其与关键工艺参数(critical process parameter, CPP)之间的关系。当过程分析技术达到实时保证水平时,通常对工艺过程设计空间的释义更为确切,有利于过程控制和过程变量管理及产品质量的实时保证。实时放行水平是指过程分析的结果(测定值和反应终点等)可以取代实验室离线检测的结果,实现对产品某项质量指标的实时放行。它是过程分析技术应用的最高水平。这三种过程分析技术的应用水平实际体现的是对工艺过程的理解深度和控制水平,即掌握和应用工艺过程如何影响产品质量属性的知识的程度。

无论达到哪种水平,应用过程分析技术毫无疑问可增进对工艺过程的理解。虽然制药企业根据《药品生产质量管理规范》(Good Manufacturing Practice,GMP)的规定,在定期的药品质量回顾分析中常常使用过程能力指数 Cpk 来表示工艺受控的状态,但该指数尚不足以用来衡量或揭示对工艺过程的理解程度。可从以下情形判断是否对工艺过程有很好的理解:

(1)是否已经识别了所有关键变异的来源并能做出解释。

(2)变异是否可以通过工艺加以管理。

(3)在所用物料、工艺参数、生产环境和其他条件共同确立的设计空间内,产品质量属性是否可以被准确可靠地预测。

预测能力的强弱可反映出制药企业对药品生产工艺过程理解的深度。只有透彻理解产品和工艺过程,才能有效控制工艺过程,从而保证产品质量及其一致性,并提高生产操作的安全性和生产效率。

要达到很好地理解工艺过程的程度,通常需要在产品研发阶段对采用过程分析技术的单元操作投入更多的资源,对产品的设计和工艺开发进行更为深入细致的研究,在应用过程分析技术项目实施和维护阶段需要付出更多的努力,工作的复杂程度也更高,同时需要具备非常专业的知识。以药品为例,在药品处方和生产工艺的设计和开发阶段,既需要识别、测量与产品质量相关的关键物料和工艺属性,还要设计工艺过程的测量系统,实时监测所有关键属性,设计工艺控制所允许的调整范围,以确保所有关键属性受控,并建立产品质量属性与关键物料和工艺性能测量值之间的数学关系,即通常所说的构建数学模型。当将过程分析技术应用到药品商业化生产阶段时,实际生产过程中用于质量评价的中间物料和最终产品的数量要比传统的实验室离线检测多得多,需要采用严格的统计分析规则来界定可接受的最终产品的标准,并同时考虑测量和取样的策略。还要采用经验证的中间过程的测量、检测、控制和工艺终点来持续监测、评估和调整工艺。即便过程分析技术在药品商业化生产阶段成功实施,还需要进行持续改进和知识管理,即通过收集和分析产品的数据,用于证明上市后拟变更方案的合理性,必要时用于与监管部门的科学交流。总之,对药品生产工艺过程的理解要贯穿于整个产品生命周期中。

1.4.2 制药工业应用过程分析技术的难点

从物料、化学或生物学角度看,药品及其制造工艺是复杂的多因素系统,因此,过程分析技术在制药工业领域中应用时,需要将多变量工具用于药品及其生产工艺的设计、数据采集和分析。

例如,当要确立药品生产过程中所用物料、工艺参数、生产环境和其他条件共同组成的设计空间时,需要理解产品的关键质量属性与多个工艺变量之间的相互关系,而传统的单因素实验无法为研发人员提供帮助,研发人员需要借助更为复杂的包括多因素组间实验设计、多因素组内实验设计和混合实验设计在内的多变量实验设计,或者多因素、多水平的正交试验设计进行药品处方设计和工艺开发,势必耗费更多的人力、时间、物力和财力,这对主要生产低附加值药品的制药企业来讲可能是无法承受的商业投资。

又如,当过程分析技术的实施要达到对药品生产过程进行实时控制和质量保证的水平时,通常需要将化学知识和理论与统计分析规则相结合,采用多变量的方法来提取关键工艺的相关知识,建立产品质量属性与关键物料和工艺性能测量值之间的数学关系。这需要在过程分析技术项目的实施团队中引入化学计量学家,其通过对多变量数据和过程数据进行大量的分析,开发和建立稳健的化学计量学模型或数据处理算法,如前所述,这正是过程分析技术应用的难点之一。

再如,在药品的商业化生产中应用过程分析技术进行产品的实时放行,政府监管部门还期望制药企业通过持续工艺确认,有多年或数百个商业化生产批次产品的数据证明包括化学计量学模型在内的整个药品生产和质量实时监控系统的稳健性,能在正常生产条件下按照GMP的要求始终生产出符合预定质量标准和用途的药品。因此,需要将风险管理和质量体系的理念贯穿于过程分析技术项目全生命周期中;基于风险的原则,确定在整个生产过程中药品质量控制的策略;对正常生产中可能出现的偏差建立应急预案,如工艺传感器或过程分析设备出现故障时的应急程序;对如过程分析仪器、过程分析方法、化学计量学模型等可能发生的变更进行控制。

综上,将过程分析技术应用到制药工业中,需要在设计与开发阶段不断累积对工艺过程理解的知识,将其与计算机技术、化学计量学、自动控制技术进行系统集成,赋予药品生产和质量实时监控系统以"智慧";需要在商业化生产阶段遵循 GMP 的要求,基于风险的原则,对偏差和变更进行有效管理,降低质量风险,从而使药品能以优质、高效的方式生产出来,服务于公众健康的需要。要使过程分析技术成功应用于药品的生产和质量控制,既可能有来自商业投资上的困难,也有来自类似系统集成的技术上的困难,还有正常生产条件下来自过程分析技术相关偏差和变更的挑战。制药企业需要将药品开发、生产、质量保证和信息或知识管理功能紧密结合成为一个有机整体而协调发展。

1.4.3　制药工业应用过程分析技术的显著特点——合规

药品是用于预防、诊断、治疗人类疾病的特殊商品,患者通常对药品质量有更高的期望,不能容忍有质量缺陷的药品及其给患者带来健康风险或危害。药品从研发、技术转移、商业化生产到退市的整个产品生命周期,以及从研发、生产、流通到使用的各个环节均必须合规,须遵循相关法律法规的规定,受到政府部门的严格监管。合规是制药工业有别于其他行业的显著特点之一。在过程分析技术项目的全生命周期中,合规自始至终是制药企业项目管理需要关注的重点之一。这也是本书论述的重点内容。

例如,对已经批准上市的药品而言,如在其生产过程中引入过程分析技术,就会涉及在关键生产设备上安装过程分析仪器的传感器,将中间产品的质量检测从原先的取样后离线检测变更为实时检测,由于增加了对工艺过程的理解,工艺终点的判定方法和标准或者工艺控制的策略也可能会改变,甚至还可能会改变产品的质量标准,同时产品放行检测的方式改为实时放行检测,这些涉及药品生产和质量控制的变更不仅需要制药企业投入资源进行相应的产品处方设计和工艺开发,还需要获得政府监管部门的事先审批,并且需要考虑商业化生产必须符合 GMP 要求,在正式商业化生产前还可能接受政府监管部门的 GMP 现场检查。

然而,当新技术的相关监管法规或政策尚未正式颁布时,制药工业对新技术的应用就会较为保守。与石化、化工行业相比,过程分析技术应用于制药工业的历史相对较短,原因之一就是制药工业受到政府高度监管,在相关法规要求不明确的情形下,很多制药企业对过程分析技术的应用有顾虑而不予重视。

而当政府监管部门顺应创新对制药工业可能带来的积极变化而改变监管策略时,过程分析技术在行业内就会迅速得到推广和应用。

进入21世纪后,美国FDA清醒地认识到,原先的药品监管体系已经僵化,如不消除制药工业对于创新的顾虑,那么公众对安全、有效、经济实惠药品的需求就会受到不利影响,于是美国FDA在2002年8月发出了一项新的倡议,即《21世纪的制药的cGMP:一种基于风险的方法》,旨在确保:

(1)在保证产品质量的同时,将风险管理和质量体系方法的最新理念整合到药品生产中去。

(2)鼓励企业在药品生产和工艺技术中采用最新的科学技术。

(3)FDA以协调和协同的方式对申请进行审评和检查。

(4)FDA与制药企业保持应用监管法规和生产标准的一致性。

(5)FDA采用基于风险的管理方式鼓励药品生产领域的创新。

(6)有效和高效利用FDA的资源,应对最重大的健康风险。

根据以上倡议,美国FDA针对之前不被制药工业重视的过程分析技术,于2004年9月颁布了《行业指南:过程分析技术(PAT)——用于规范药品研发、生产及质量保证创新的框架》,鼓励制药企业将过程分析技术应用到药品生产和质量控制中去,加强对工艺过程的理解和控制,在改进产品质量的同时,提高药品生产效率。在该指南中,FDA一方面提出了支持制药企业创新的科学原则和工具,包括工艺理解、过程分析技术工具、基于风险的方法、系统整合的方法以及实时放行,其中,过程分析技术工具又包括用于设计、数据采集和过程分析的多变量分析工具、过程分析仪器、过程控制工具、持续改进和知识管理工具,另一方面还提出了顺应创新的新监管策略,改变了原先审评和检查分属不同部门的工作模式,运用系统整合的方法,组建了包括审评员和检查员在内的过程分析技术(PAT)团队,基于科学和风险,联合进行培训,资格认可、化学、生产和控制(chemistry, manufacturing and control, CMC)审评以及cGMP现场检查,并对上市后药品的监管采用更为灵活的方式。FDA还建立了制药企业与监管部门在产品全生命周期中的沟通机制,解决过程分析技术在实际应用过程中企业遇到的问题。FDA采用新监管策略的目的就是要解决制药企业在生产和质量保证中的创新与政府监管之间的矛盾,减少监管部门对采用创新技术以更好地保证药品生产和质量的制药企业进行的过多的、教条的干预。

过程分析技术在美国制药工业应用的历程给我们带来很多启示,政府监管部门对创新的态度至关重要,及时颁布鼓励应用新技术的政策和法规,有助于打消制药企业的疑虑,值得我们借鉴。

1.5　过程分析技术在制药工业中的应用

过程分析技术于 21 世纪后在制药工业领域获得越来越广泛的应用,这使得制药企业在质量、安全和效率方面获得多重益处,并正在逐步改变药品生产和质量控制的传统方式。目前制药工业领域常用的过程分析方法有近红外光谱法、拉曼光谱法、X-射线粉末衍射法等,并已成功应用于各类药品的生产过程,如化学制剂、原料药、生物制品和中药制剂。

1.5.1　在化学制剂生产过程中的应用

在化学制剂生产过程中,过程分析技术已有相当广泛的应用,例如固体化学制剂的混合、制粒、干燥、包衣等过程。

目前在固体化学制剂混合过程中已有较多在线监测技术的应用。早期的混合过程在线质量监测采用接触式光纤探头,通过混合器内光纤探头采集物料的近红外光谱是否趋于稳定、一致来判断混合均匀的工艺终点,并可以对光谱标准偏差进行计算从而得到准确判定。如 Sekulic 和 Shi 采用接触式探头结合近红外光谱进行混合均匀的研究。在发现接触式探头容易受到混合器转动的影响,从而导致光纤弯曲、影响图谱采集之后,经改进产生了非接触式监测方式,如 Bellamy 用非接触式探头进行了混合过程中颗粒粒径和混合均一性的研究;Rosas 等采用非接触样品方法采集混合过程中固体颗粒的近红外光谱。由于非接触式探头的工作原理多为无线传输技术,因此可通过定性方法来计算混合过程中颗粒的均匀度。

传统固体化学制剂的制粒过程中一般仅对颗粒的水分进行检测,可能还会检测颗粒的大小和粒径分布等,但实际影响颗粒性质的关键质量属性还包括赋形剂的形态、颗粒形状、颗粒与制粒溶液的混合程度等因素,这在传统制粒过程中均很难控制。但过程分析技术可以通过实时监测获得这些数据,从而更好地反映制粒过程中颗粒的质量变化。如 Fonteyne 等通过近红外光谱、拉曼光谱、3D成像技术对制粒过程进行在线监控,结果表明光谱数据能够有效预测制粒过程中的颗粒水分,3D成像数据能够预测颗粒的形态,从而控制颗粒的流动性。与通过监测流化床出风温度及物料温度等传统流化床制粒工艺终点检测的方法相比,过程分析技术能够实时监测颗粒的水分和物料固体状态,更有利于制粒工艺终点的准确判断。

固体化学制剂中的残留水分会直接影响产品质量,因此,制粒后的颗粒干燥是生产的关键工序,其工艺终点往往通过检测残留水分来判断。在1 450 nm和1 940 nm的近红外区,水分子有一些特征性很强的合频吸收带,而其他各种分子的吸收则相对较弱,因此,采用近红外光谱能够较为准确和便捷地判断颗粒中的水分含量,如采用近红外光谱对传统的流化床干燥颗粒的过程进行在线水分监测、对制剂冷冻干燥过程中的水分含量进行定量分析。

固体化学制剂的包衣除了用于防潮、掩味外,还可用于控制药物的释放速率,因此,包衣厚度与药物崩解及溶出有很大关系,会影响药物的生物利用度。传统包衣厚度的控制通常是通过随机抽取一定数量的片剂样品测定包衣增重的方式来控制包衣终点的,但采用过程分析技术则可以快速、准确测定包衣厚度。M. J. Lee等在流化床包衣过程中采用近红外光谱分析技术,通过插入接触式探头进行检测,建立定量模型测定药品的包衣厚度。有一些通过功能性包衣来控制释放的药物,包衣厚度会直接影响产品的释放,Gendre等在包衣机中安装近红外光谱探头,建立了包衣厚度对应药物释放度的模型,通过探头采集的光谱数据检测包衣厚度,从而预测药物释放度,有效控制了包衣终点,更有利于产品质量控制。

1.5.2 在原料药生产过程中的应用

目前过程分析技术在原料药生产过程中的应用大多集中在合成、精制和结晶工序,通过实时监测跟踪化学反应过程,不仅能了解起始物料的消失和产品的生成,还能够发现瞬间存在的中间体。例如,使用近红外光谱对粉末和固体物质的监测,可以不用进行样品的制备或转换,实时对产品生产进程进行控制;辉瑞(Pfizer)公司通过使用 UV 探头,成功实现了对多相钯催化 Heck 偶联反应中一个复杂的催化过程进行跟踪,从而证明了过程分析技术的理念和工具对化学原料药生产过程进行实时监控的可行性。

原料药的合成过程通常是化学反应过程,通过在线核磁共振技术检测反应过程,可检测聚合反应和测定聚合物的结构特征,进行复杂混合物的反应平衡和动力学研究。

原料药的精制过程通常与最终产品的杂质及收率直接相关,王金凤等在肝素钠精制过程中通过近红外光谱模型的建立提升了肝素钠的质量,增加了产品收率,加快了产品放行速度。由此可见,在原料药精制过程中可利用化学计量方法将近红外光谱和物质浓度等属性进行关联,建立用于表征样品(或过程)特定属性的近红外光谱分析方法,相较于传统的生产过程控制方法,更能保证产品的质量,保证产品的实时放行,提高生产效率。

大部分化学原料药均为晶体产品,晶体产品的关键质量属性一般包括纯度、晶型、粒径分布等。传统结晶过程控制一般通过时间、温度、溶液浓度等参数进行控制,并且需要在整个结晶过程中进行高频次的取样检测,无法直观地控制结晶过程。应用过程分析技术可以对结晶的全过程进行实时监控,比如通过在线红外光谱仪可以展现原料药晶型在结晶过程中的变化,Kati 等用此技术实现了对磺胺噻唑晶型定性定量变化的实时监测;通过衰减全反射-傅里叶变换红外光谱(attenuated total reflectance-Fourier transform infrared spectroscopy,ATR-FTIR)设备上传感器探头对液膜的全反射,可以根据浓度预测模型测得样品溶液的浓度;通过 X 射线衍射可以直接、实时监测抗生素等药物的结晶及晶型转变过程,Blagde 等用 X 射线衍射技术对谷氨酸和柠檬酸结晶进行了研究。

1.5.3 在生物制品生产过程中的应用

近些年,全球生物技术产业发展迅速,尤其是生物制药和大宗化学品的生物制造技术产业。硬件技术的发展及管理理念的更新促使生物制药进入高速发展阶段,其中生物反应器及反应过程监控装置作为批量化生物反应的关键设备成为硬件技术方面发展的主要对象。由于生物制药仍存在生产周期长、产量较低、工艺控制要求高的问题,如单克隆抗体的细胞发酵过程通常长达 2 周甚至更长,限制了生物制药产业的生产规模,而过程分析技术的应用则可很好地解决上述问题。如 Hakemeyer 等利用近红外光谱和二维荧光光谱对单克隆抗体培养基的质量进行评价,结果显示两种光谱技术均可有效监测 14 周内基础培养基的变化,近红外光谱更能有效监测培养基中的成分变化,从而证实了利用过程分析技术对发酵过程中培养基的变化进行实时监测的可行性。

当前生物制药生产过程中,常用的过程分析设备为拉曼光谱仪和红外光谱仪。拉曼光谱仪和红外光谱仪通过在线采集生物反应器内的波长图谱,将相应的数据导入预先建立的数学模型,可以对反应器内的营养成分、代谢产物、产品、细胞活性等进行实时监控。如肖雪采用近红外光谱对谷氨酸发酵过程中的流加底物(如葡萄糖、甘油等)和主产物(如谷氨酸等)含量进行实时监控,从而实现了自动化、智能化生产过程的控制。姜玮采用近红外光谱分析对人凝血因子Ⅷ的酸沉淀过程、柱层析过程、冷冻干燥过程进行实时监控,从而对生产过程的工艺终点进行了有效的控制,提高了人凝血因子Ⅷ的活性收率和比活。郑志华采用近红外光谱分析建立了人纤维蛋白原层析流穿液蛋白含量模型、原液中纤维蛋白原含量模型、冻干产品水分模型,对人纤维蛋白原生产过程进行控制,从而提高了产品收率,保证了产品活性,提升了产品纯度。

1.5.4　在中药制剂生产过程中的应用

中药制剂以中药材为原料,其有别于化学原料药,往往依赖于专家的主观经验或传统的化学成分分析。而过程分析技术,尤其是基于近红外光谱的控制分析技术,因其特有的优势在复杂中药材的定性分析中已经得到了许多成功的应用,包括同属药材鉴别、产地鉴别、药材部位鉴别、真伪鉴别等。相比固体化学制剂,中药制剂的生产过程工艺复杂,流程长,生产过程中不稳定因素多,常存在批间差异大、产品质量均一性差等问题,而过程分析技术通过生产过程中的实时监测数据,对中药制剂生产的单元操作提供有效的反馈调节,能够有效地控制生产过程,保证生产的稳定性。

中药制剂生产过程中第一步的单元操作一般为中药材提取工序,即通过水或有机溶剂将中药材中的有效成分转移至溶液中。提取终点的判断主要依靠提取时间和提取次数,难以保证提取是否完全或批次间提取物的质量是否均一。过程分析技术能够对提取过程进行成分含量监测,从而有效地进行工艺终点判断,以确保提取完全和批次间提取物的质量均一性。如张延莹等采用近红外光谱分析技术研究并建立了芍药苷的含量检测模型,对白芍醇提取过程进行在线质量监控,通过检测芍药苷的质量浓度变化,实现对提取过程的终点判断。

中药材经提取后,需要对提取液进行精制,去除提取液中的水溶性杂质。一般通过在提取液中加入乙醇进行一次或多次沉降后,回收乙醇沉降液中的有效成分,达到去除水溶性杂质的目的,该过程称为醇沉,是中药提取液常用的精制方法。传统的醇沉过程检测方法仅对最终醇沉液进行分析,而过程分析技术则能实现对醇沉过程中的颗粒粒度、沉降速度等进行实时监控。王永香等对青蒿金银花醇沉样本中的新绿原酸、绿原酸、隐绿原酸及固含物数量进行测定,应用统计分析及过程分析技术建立4个指标的定量放行标准,结果表明所建模型能用于预测醇沉过程中的关键指标浓度,对终点样本进行判断以达到实时放行的目的。

中药提取液浓缩过程的工艺终点一般通过测量回收液的密度来判断,但这一方法通常受到温度和时间的影响。将过程分析技术应用于浓缩过程,可以实现在浓缩过程中实时观察有效成分的变化,从而有效控制浓缩过程。徐芳芳等以青蒿浓缩液为样本,基于近红外光谱法进行测定,采用偏最小二乘法建立定量校正模型,实现了对青蒿浓缩过程的控制,保证了浓缩工序的质量要求。

1.6 我国制药工业应用过程 分析技术的现状

上述过程分析技术在制药工业领域中应用的实践表明,实施过程分析技术不仅能降低生产运行的成本、减少不必要的取样检验等浪费,更重要的是还能通过在线实时监控有效提高产品质量。但目前过程分析技术在我国制药工业领域的研究仍然处于起步阶段,主要体现在以下几个方面。

一是由于过程分析技术的应用往往需要投入较多的设施、设备,投入收益比不明确,目前国内真正在商业化常规生产中运用过程分析技术的很少,缺乏足够的专业知识及应用经验基础。

二是我国对制药工业应用过程分析技术的监管要求不明确,缺乏相应的法规要求和指南文件。过程分析技术在行业内应用经验的不足直接导致了监管部门技术审评及监管经验的不足。传统生产过程的批次,产品有效期,关键工艺参数控制、取样和放行的检验方法的定义和概念等方面在应用过程分析技术后都有了很大的改变,如何进行新药申报和已上市药品的变更审批,对目前的监管部门而言是个很大的挑战。

三是过程分析技术是综合运用多学科知识的技术,涉及机电、自动化控制、制药工程、计算机软件、数理统计等各个专业,在缺乏应用经验的情况下,如何选择及应用适合产品生产工艺的过程分析技术需要专业人才的科学判断,而这样跨学科的专业人才恰是我国制药企业最缺乏的,现在国内的大学院校中也鲜见对此类人才的教育和培养。

四是虽然我国关于过程分析技术的应用已有较多的研究先例,但相应的产学研项目落地的可行性及所开发工艺的稳健性尚未形成成熟的转化创新机制。

除此之外,还需要克服很多过程分析技术实际应用上的问题,如生产环境中过程分析仪器的配置、监测探头安装、过程分析仪器的确认、数据安全性及模型传递、过程分析技术工具与模型在整个药品生命周期中的性能一致性等。这些问题都制约了过程分析技术在我国制药工业中的广泛和深入应用。

随着制药工业及科学技术的发展和进步,国内制药工业对于高质量与高效率的重要性有了更深入的理解,国外实际上也已有将过程分析技术成功应用于化学制剂、原料药等商业化生产过程的先例。实际上我国政府对于医药产业智能、高效发展已提出明确意见,如国务院在2016年3月4日发布的《国务院办公厅关于促进医药产业健康发展的指导意见》中已明确指出建设智能示范工厂、推进医药生产过程智能化等。过程分析技术的应用很大程度上能够提高生产效率及生产过程控制能力,因此,我国可借鉴国外先进经验,如美国FDA公布的过程分析技术行业指南、欧洲药品管理局(European Medicines Agency,EMA)颁布的《欧盟制药工业近红外光谱技术应用、申报和变更资料要求指南》等,建立有针对性的过程分析技术监管策略,确保在企业准备实施过程分析技术前期,能够基于风险分析的方法对过程分析技术应用的硬件系统,如光谱仪器、软件系统、计算模型等进行评估和验证。在药品审评阶段,将QbD的概念应用于药品审评的全过程,对新药申报及变更审批中应用过程分析技术的情况进行科学合理的技术审评。同时,监管部门应与行业建立有效的交流机制,通过对生产的连续评估,确保产品质量符合预期,制定过程分析技术实施及监管指南,从而规范过程分析技术实施全过程,明确相应的过程分析技术工具在实验或生产中运行的适应性评价要求及工具,推动我国制药企业的技术革新,最终使我国制药工业高智能、高效能发展。

(编写人员:唐文燕、张　闯)

第 2 章 国外制药领域过程分析技术相关法规与指南

【本章概要】 近年来,美国 FDA、EMA 等药品监管机构一直致力于在药品生产领域推动过程分析技术的应用,希望过程分析技术的应用为持续保证产品质量的一致性提供有效解决方案。本章主要介绍 FDA、EMA、ICH 和 ASTM 等机构发布的过程分析技术相关指南,围绕应用过程分析技术的药品注册申报及将过程分析技术应用于产品全生命周期的管理进行重点阐述,同时结合调研国内药品生产企业时所发现的过程分析技术在制药生产应用中存在的困境,提出对国内药品监管的务实期望。

制药行业是政府高度监管的行业,已上市药品如果由传统生产工艺变更为应用过程分析技术的生产工艺,需要事先获得药品监管机构的批准。因此,药品监管机构对于过程分析技术的期望和态度对于推动其在制药行业的应用至关重要。目前,我国在过程分析技术领域的法规和技术指南还处于空白,这使得国内制药企业对其的应用表现出犹豫、困惑和担心。

2018 年,上海药品审评核查中心基于我国制药行业过程分析技术的应用现状开展了一项调研。结果显示,虽然绝大多数企业都认为应用过程分析技术能够有利于加深对产品和工艺的理解,提高产品的质量;有效避免不合格品、废品及返工或重新加工的出现;促进连续制造模式的应用,改善生产操作的安全性,降低差错率等,但由于国家药品监督管理局尚未颁布相关法规或指导原则,使得企业对产品工艺开发、验证及监管等方面的要求不甚了解。此外,对于已上市产品采用过程分析技术后的工艺变更,企业则普遍担心会面临审评、审批时间过长或是由于审批技术要求不明确而导致产品无法获批等情况,因此大多数企业均处于观望和等待中。由此可见,为规范和推进过程分析技术在我国制药行业的应用,药品监管机构应尽快明确过程分析技术相关的监管政策,出台相关的法规,制定适应我国国情的技术指南或指导原则。

本章将主要介绍美国 FDA、欧盟(European Union,EU)、人用药品技术要求国际协调理事会(The International Council for Harmonisation of Technical Requirements for Pharmaceuticals for Human Use,ICH)及美国材料与试验协会(American Society for Testing and Materials,ASTM)所颁布的过程分析技术相关法规、指南和标准(表 2-1),以便我国制药企业结合企业自身和产品的实际情况加以借鉴,规范应用于正在或将要实施的过程分析技术项目。

表 2-1 美国过程分析技术相关的主要法规和指南及其颁布时间

机构	颁布时间	颁 布 文 件
FDA	2002 年	21 世纪的制药 cGMP:一种基于风险的方法
FDA	2004 年	行业指南:过程分析技术(PAT)——用于规范药品研发、生产及质量保证创新的框架
FDA	2006 年	行业指南:制药企业 cGMP 监管质量体系方法
FDA	2011 年	行业指南:工艺验证:一般原则和实践
PDA	2013 年	工艺验证技术报告
ASTM	2014 年	应用 PAT 设计制药工艺的标准规范
ASTM	2011 年	PAT 赋能控制系统确认标准指南
ASTM	2020 年	基于风险的 PAT 应用分析方法验证标准指南
FDA	2017 年	行业指南:促进新兴技术用于制药创新和现代化
FDA	2019 年	行业指南:连续制造的质量考量(草案)

2.1 国外过程分析技术相关的法规和指南

2.1.1 美国过程分析技术相关行业指南

1. FDA《21 世纪的制药 cGMP:一种基于风险的方法》的倡议

FDA 认识到,为了鼓励制药企业应用新技术,有必要消除行业对创新的疑虑,为此,FDA 于 2002 年 8 月发布了《21 世纪的制药 cGMP:一种基于风险的方法》(Pharmaceutical cGMPs for the 21st Century—a risk-based Approach)的倡议,并在 2004 年发布了最终报告。为了促进如过程分析技术、连续制造等创新技术的应用,FDA 在倡议中提出了基于科学监管产品质量(science-based regulation of product quality)的理念,即通过加深工艺理解来减少生产过程中的变异,从而有效提升产品质量和生产效率,促进过程分析技术和制造科学的发展,将有助于制药行业更好地应对这一挑战。FDA 倡议采用系统整合的方法来监管药品质量,利用基于风险的管理方式鼓励企业在药品生产和工艺技术中采用最新的科学技术,并以协调和协同的方式高效利用资源,对药品上市的申请进行审评和检查。

2. FDA 过程分析技术的行业指南

FDA 于 2004 年 9 月发布了《行业指南:过程分析技术(PAT)——用于规范药品研发、生产及质量保证创新的框架》。考虑到过程分析技术的实施将给行业和监管机构带来包括创新系统的引入、工艺变更的批准、科学和技术问题等在内的一系列挑战,FDA 制定了该指南,并在其中提出了相应的监管策略以帮助行业和监管部门根据风险做出决策,并鼓励制药企业自愿研发和实施药物开发、生产和质量保证的创新方法。

该指南阐述了过程分析技术的框架,明确了过程分析技术在药品生产中的重要作用。该指南以对产品工艺的理解为基础,结合《21 世纪的制药 cGMP:一种基于风险的方法》的倡议强调,应用过程分析技术的目的是增进对工艺的理解和控制,以求将质量设计整合到产品中,而非通过检验来证明产品的质量。该指南建议在研发阶段即引入过程分析技术的原则和工具,在应用过程分析技术前对产品质量的影响进行风险分析,评估实验性过程分析仪器或其他过程分析技术工具对现有产品的适用性。

3. FDA 制药企业 cGMP 监管质量体系方法的行业指南

FDA 认为在药品研发过程中,企业应对关键工艺和变量进行识别并加强研究,通过充分的过程检测和必要的数据收集、监控,达到对产品和工艺的恰当控制,为工艺性能的持续改进提供必要的信息,这就为过程分析技术在制药行业的应用找到了切入点,而建立规范、完善的质量体系能支撑制药企业进行如工艺优化、过程分析技术应用等多种类型的持续改进。

FDA 于 2006 年 9 月发布了《行业指南:制药企业 cGMP 监管质量体系方

法》(Guidance for Industry：Quality Systems Approach to Pharmaceutical cGMP Regulations)，该指南描述了一个全面的质量体系模型，旨在帮助制药企业应用质量体系和风险管理方法，建立符合 cGMP 规范的质量体系，为QbD、持续改进及生产过程中的风险管理提供必要的框架。

4. FDA 工艺验证的行业指南

FDA 于 2011 年 1 月更新了《行业指南：工艺验证：一般原则和实践》(Guidance for Industry：Process Validation：General Principles and Practices)，该指南是在 2008 年版本的基础上修订的，顺应了 FDA 的《21 世纪的制药cGMP：一种基于风险的方法》，针对药品生产中应用先进技术及实施风险管理和质量管理等方面提出了建议。在建立工艺控制方法的内容中，FDA 指出应用过程分析技术对生产过程进行实时分析和控制可以提高工艺控制的水平，并在工艺确认阶段聚焦于测量系统和控制回路的性能确认。

5. FDA 促进创新技术应用于制药创新和现代化的行业指南

FDA 于 2017 年 9 月发布了《行业指南：促进新兴技术用于制药创新和现代化》(Guidance for Industry：Advancement of Emerging Technology Applications for Pharmaceutical Innovation and Modernization)，对制药企业如何参与 FDA 的创新技术项目(如指南提到的过程分析技术)，包括创新技术项目的范围和企业向 FDA 提交会议申请的要求及流程进行了介绍。该指南还指出，FDA 的创新技术团队将与合规办公室、监管事务办公室合作，开展审评、现场评估及提出最终的质量建议。

6. FDA 连续制造的行业指南

FDA 认识到连续化制药工艺技术是一种新兴技术，能够降低生产成本，实现药物现代化，并提高患者获得优质药品的可能性。2019 年 2 月，FDA 发布了《行业指南：连续制造的质量考量(草案)》(Guidance for Industry：Quality Considerations for Continuous Manufacturing)(Draft)。该指南提出，产品的实时放行是基于过程分析技术在连续生产过程中生成的大量工艺和质量数据，因此过程分析技术的准确性和稳健性对于正常生产至关重要，企业应在注册申报时提供关于过程分析技术及其模型开发及验证的详细资料，说明在过程分析技术发生故障时的处置方案，并要求企业在进行工艺性能确认(process performance qualification，PPQ)时，对过程分析技术发生扰动时造成的影响进行研究。

2.1.2　欧盟过程分析技术相关指南

1. EU 参数放行指南

在 FDA 正式提出过程分析技术之前,无菌药品生产领域实际已在践行参数放行(parametric release)。参数放行是指在严格实施药品 GMP 质量体系的基础上,采用经过充分验证的灭菌工艺生产无菌产品,通过对生产过程实施可靠的监测,根据对灭菌关键工艺参数的控制对产品的无菌保证的水平进行评价,从而替代成品无菌检查的放行系统。欧盟是较早对无菌产品使用参数放行的地区之一,《欧洲药典》(European Pharmacopoeia, Ph. Eur.)3.0 版提出了实施参数放行的可行性,欧盟委员会颁布了参数放行指南作为药品 GMP 的附录之一,并于 2001 年 9 月起正式执行。

目前,美国、欧盟等国家与地区已相继颁布了参数放行的指南和申报办法,由企业按照产品质量标准变更原则自愿进行注册申请,在经药品监管部门严格审核和现场检查后,决定是否予以批准,获批后的无菌药品如发生重大变更则需由企业重新提出注册申请。

2. EMA 实时放行检测指南

2012 年 3 月,欧洲药品管理局(EMA)发布了《实时放行检测指南》,该指南是基于欧盟颁布的参数放行指南所修订的,于 2012 年 10 月起正式执行。该指南提出了应用实时放行检测的策略框架、注册申报及日常 GMP 符合性等方面的要求,强调了企业在提出正式申请前及审批过程中与监管部门沟通的重要性。该指南提出,当企业基于对产品和工艺的充分理解,并具备适当的质量风险管理体系时,可以将实时放行检测应用于新产品和已上市产品。

3. EU GMP 附录 17《实时放行检测和参数放行》

2018 年 4 月,欧盟委员会发布了最新改版的 EU GMP 附录 17《实时放行检测和参数放行》,在原有参数放行的基础上增加了实时放行的内容,并对企业如何实施实时放行给出了具体的要求。

4. EMA 制剂工艺验证注册申报中要提交的信息和数据指南

ICH Q8 提出了持续工艺确认(continuous process verification, CPV)的概念,CPV 指通过建立一个工艺确认体系,围绕关键物料属性、产品的关键质量属性和关键工艺参数建立科学的控制策略,从而确保最终产品的质量。2015 年 3 月,欧盟委员会发布了最新版的 EU GMP 附录 15《确认与验证》,将工艺验证拓展到产品的全生命周期,对企业如何进行确认与验证进行了具体的表述。

2016 年,旨在与 ICH Q8、Q9 和 Q10 文件内容保持一致,EMA 对 2014 年发布的《制剂工艺验证注册申报中要提交的信息和数据指南》进行了部分更新。指南中明确指出,可以选用过程分析技术和多变量统计过程控制(multivariate statistical process control,MSPC)作为持续工艺确认的工具。

5. EMA 制药工业近红外光谱技术应用、申报和变更资料要求指南

近红外光谱技术(near infrared spectroscopy,NIRS)已被制药行业广泛应用于制剂分析、化学分析、物理分析和过程分析等领域。英国药品和健康产品管理局(Medicines and Healthcare Products Regulatory Agency,MHRA)早在 1995 年就批准葛兰素威康(Glaxo Wellcome)公司使用近红外光谱分析方法对阿昔洛韦片(200 mg)进行含量分析。ICH Q8 质量源于设计指导原则中提出,与传统方式相比,在单位剂量均匀度检测中使用重量变化和近红外检测方法可以实现实时放行,提供更高的质量保证水平。2006 年,FDA 和 EMA 批准了全球首款实施实时放行检测的产品 Januvia,该产品为由默沙东开发的抗糖尿病新药,主要使用近红外光谱技术进行制剂的含量分析,目前已被全世界 80 多个国家批准。为使近红外光谱技术在制药领域的应用得到进一步推广和规范,EMA 于 2003 年发布了《制药工业近红外光谱技术应用、申报和变更资料要求指南》,强调近红外光谱分析方法的开发与应用存在自身的生命周期,应该不断地进行发展和完善。该指南于 2014 年发布了更新版,为药品生产企业提供了建立、验证和变更近红外检测方法的详细指导。指南规定了在新药申报、检验方法变更时,使用近红外检测方法需要提交的数据要求,并针对过程分析技术的应用,在方法通用要求、定性或定量模型分类要求等方面进行了说明。

6. 欧洲药品质量管理局的过程分析技术草案

2018 年 1 月,欧洲药品质量管理局(European Directorate for the Quality of Medicines,EDQM)在欧洲药典论坛上发布了过程分析技术草案,并计划将其收入《欧洲药典》。该草案简单介绍了过程分析技术的定义、检测方式及检测数据的分析方法等。为了推广过程分析技术的应用,草案还就 EDQM 新增或修订的《欧洲药典》中与过程分析技术相关的 9 个章节进行了介绍,主要包括过程分析技术的常用技术和数据分析方法等。

2.1.3 ICH 与过程分析技术相关的指南

ICH 于 2005 年 11 月发布了 Q8 药品研发指南,并在 2009 年 8 月发布了修订后的 Q8(R2)。Q8(R2)中提出要基于对生产工艺和过程控制的科学理解确认药物研发的设计空间(design space),在药品全生命周期的研发阶段,利用过程分析技术有助于建立质量源于设计(QbD)的药物研发方案,在工艺控制阶段利用过程分析技术工具可通过反馈和控制追踪工艺过程,并实现了工艺的持续改进。

ICH 于 2006 年发布了 Q9 质量风险管理(quality risk management)指南,重点介绍了质量风险管理的原则和常用分析工具,其中在附录Ⅱ.2"作为监管操作一部分的质量风险管理"章节中,ICH 提到监管部门应对应用过程分析技术或参数放行带来的质量风险进行风险评估。

ICH 于 2009 年发布了 Q10 制药质量体系(pharmaceutical quality system)指南,指南中提出制药质量体系的要素之一为"工艺性能和产品质量监控体系",其他三个要素分别为纠正预防体系、变更管理体系、管理回顾体系。该指南在 3.2.1"工艺性能和产品质量监控体系"中提出,在产品全生命周期的研发、技术转移、生产等阶段,都可采用过程分析技术等手段加强对工艺和质量的监控,从而获得更好的生产控制策略,实现持续改进。

2.2 国外行业协会过程分析技术应用相关的指南

2.2.1 ASTM 的过程分析技术应用相关指南

美国材料与试验协会(ASTM)于 2003 年 8 月组建了 E55 委员会,该委员会旨在推进过程分析技术在制药行业中的应用,其职责主要包括为过程分析技术在制药行业中的应用制定标准命名法、术语定义、检验方法、规范和性能标准。2007 年 3 月,E55 委员会进一步扩展了其职责范围,并将该组织更名为药品制造 E55 委员会。该委员会组织了数百位来自工业界、学术界、设备和仪器制造商以及政府部门(包括 FDA)的技术专家来拟定非强制性的业内标准,以推动在制药生产和过程控制方面的创新。随着生物制药产业的蓬勃发展,该委员会现又更名为药品和生物制品制造 E55 委员会。

ASTM 于 2004 年首次出版了《制药行业过程分析技术相关的标准术语》E2363 术语集,并先后发布了《多变量数据分析在制药研发和制造的应用标准指南》(Standard Guide for Multivariate Data Analysis in Pharmaceutical Development and Manufacturing Applications)、《应用 PAT 设计制药工艺的标准规范》(Standard Practice for Pharmaceutical Process Design Utilizing Process Analytical Technology)、《过程分析技术(PAT)赋能控制系统确认标准指南》(Standard Guide for Verification of Process Analytical Technology (PAT) Enabled Control Systems)及《基于风险的 PAT 应用分析方法验证标准指南》(Standard Guide for Risk-Based Validation of Analytical Methods for PAT Applications)。以下为上述各指南的简要介绍。

1.《制药行业过程分析技术相关的标准术语》

ASTM 在 2004 年首次发布了《制药行业过程分析技术相关的标准术语》E2363 术语集,并分别于 2006 年和 2014 年对制药行业过程分析技术文献中的相关术语进行了补充,目前版本为 E2363 - 14。

该术语集中的术语定义与美国 FDA 及其他权威机构,如国际标准化组织(International Organization for Standardization,ISO)、国际电工委员会(International Electro-technical Commission, IEC)和国际电信联盟(International Telecommunication Union,ITU)公布的定义基本相同。术语集中选择性纳入了制药行业过程分析技术应用过程中常用的以及许多出版文献中出现的一些术语,除非在过程分析技术中需要进行更明确的阐述,一般不包括人们通常都理解、常用的或在其他已有参考文献中充分定义的术语。

2.《多变量数据分析在制药研发和制造的应用标准指南》

生产过程中多变量数据获取及分析也是 PAT 的关键组成部分,ASTM 于 2013 年 11 月发布了《多变量数据分析在制药研发和制造的应用标准指南》。该指南涵盖了多变量数据分析(multivariate data analysis,MVDA)的应用、数据分析模型的建立、验证和管理等方面。该指南提出,在进行数据建模时,应使用基于风险的方法以识别、了解客观要求和评估适合使用的状况,充分考虑 MVDA 所涉及的数据收集与判定,包括数据的预处理和异常值剔除,考虑对不同类型数据进行分析和模型验证,并对 MVDA 进行生命周期管理。ASTM 还发布了相应的数据建模标准,如近红外光谱定量分析和近红外光谱

<<<<　---

定性分析数据建模操作,利用过程分析技术进行工艺设计和根据经验确定的
多元校准的验证实施。

3.《应用 PAT 设计制药工艺的标准规范》

2014 年 4 月,ASTM 发布了《应用 PAT 设计制药工艺的标准规范》。规
范指出,在制药工艺设计过程中整合过程分析技术原理和工具将提高对产品
工艺的理解,但同时也需要关注应用过程分析技术的风险,建议企业围绕风险
的评估和消减、持续改进、工艺的适用性、工艺性能的评估、生产策略的制订、
数据采集和正交实验设计、多变量工具及工艺控制等方面开展研究,以确保实
现所期望的工艺性能和产品质量。

4.《过程分析技术(PAT)赋能控制系统确认标准指南》

PAT 赋能控制系统指通过对原料和过程物料的属性进行实时测定来调
整生产过程的系统,以最大程度减少产品的变异性,确保产品质量。2011 年 5
月,ASTM 发布了《过程分析技术(PAT)赋能控制系统确认标准指南》,后于
2020 年 8 月修订更新。该指南提出了对活动的范围和程度进行确定的原则,
阐述了如何使用基于科学和风险的方法对 PAT 赋能控制系统进行确认,以确
保 PAT 赋能控制系统符合既定目标,得到正确实施并按预期运行。

5.《基于风险的 PAT 应用分析方法验证标准指南》

2014 年 6 月,ASTM 发布了《基于风险的 PAT 应用分析方法验证标准指
南》。该指南对分析方法验证的总体要求及验证参数等方面进行了阐述,提出
随着产品从工艺开发阶段到商业化阶段,对 PAT 应用分析方法的验证要求也
应逐步提高。应将 PAT 应用分析方法验证与其应用的重要性联系起来,当方
法处于低级别应用(如为获得信息而收集数据)时,可能仅需要部分验证或不
需要验证,但对于高级别的应用,需要在早期开发阶段就积累相当充分的数
据。在部分 PAT 应用中,某些验证参数可能并不适用,当采用不同于传统方
法的验证参数时,应给出科学合理的解释。

2.2.2　PDA 的工艺验证技术报告

过程分析技术在工艺控制中的有效应用除了取决于是否选择了正确的质
量属性、工艺参数的范围及其监控和报告的方法,同时也依赖于对过程分析技
术的监控、测量和控制回路系统(control loop systems)恰当的设计、使用和验
证。2013 年,美国非肠道药品协会(Parenteral Drug Association, PDA)发布

了第 60 号技术报告《工艺验证：生命周期方法》(Technical Report No. 60, Process Validation：A Life-cycle Approach)。该报告提出了过程分析技术的确认方法，并阐述了过程分析系统的选择和工艺验证的考虑要点，为行业开展相关验证工作提供了非常有价值的参考。

（编写人员：谭建新、施绿燕、朱佳娴）

第 3 章 制药企业应用过程分析技术的项目管理

【本章概要】 过程分析技术项目是一项复杂的系统性工程,在实际工作中经常会出现各种各样的问题,甚至面临失败。因此,开展科学、严谨的项目管理,通过合理、有效地分配企业资源,提高工作效率,降低建设周期和成本是今后成功实施 PAT 并对其进行不断提升的关键。本章从全生命周期的角度,就不同阶段下过程分析技术实施项目的管理内容、要求加以说明和提示,以期为企业成功实施过程分析技术提供借鉴。

3.1 实施项目管理对过程分析技术实施的必要性

项目是复杂的、非常规的和非一次性的工作,受到时间、预算、资源及设计的限制。项目有明确的目标;有明确的起点和明确的终点;一般都会涉及多个不同的部门和专业;往往需要解决以前从未解决的问题或者进行新技术的突破。项目由于受到诸多因素的影响和限制,因此要对其进行科学、有效的管理。有效的项目管理涵盖了项目范围、项目时间、项目费用、项目质量、人力资源、项目沟通、项目风险、项目采购及项目综合管理等多方面的内容。有效的项目管理不但能提升项目的成功率,还能通过控制项目成本及资源配置,提升项目的经济效益和利润率。项目管理作为一种现代化管理方式在国际上已经获得了广泛的应用,从最初的国防、航天、建设工程领域,迅速发展到电子、通信、计算机、软件开发、金融等行业及政府机关的项目管理工作。

目前,制药行业正在经历变革的阶段,一方面,受全球经济疲软和医疗改革的影响,替代品牌和非专利药物的竞争日益激烈;另一方面,全球监管机构对药品质量的要求越发严格。因此,以尽可能低的成本获得均一的高质量产品是各个药企争相追逐的目标,而过程分析技术正是实现该目标的途径之一。

过程分析技术项目具有技术含量高、创新性强、资金投入多、建设周期长等特点,其本身是一项复杂的系统工程,在实际工作中,经常会出现各种各样的问题,甚至面临失败。因此,将质量风险管理贯穿于项目管理的全生命周期中(可参阅第8章内容),开展科学、严谨的项目管理;通过合理、有效地分配企业资源,提高工作效率,缩短建设周期和降低成本是今后成功实施过程分析技术并对其进行不断提升的关键。表3-1列出的是过程分析技术项目开发的整体框架。

表3-1 过程分析技术项目开发的整体框架

项目进度安排	1月	2月	3月	4月	5月	6月	7月	8月	9月	10月	11月	12月
立项												
组建团队												
确定技术方案												
检测仪器选型及定制												
制造系统设备改建及定制												
设备验证												
联机验证												
数据建模												
工程批小试												
数据分析												
工程批中试												
数据分析及改进												
工程批放大												
数据分析												

3.2 项目的生命周期及其管理

3.2.1 项目的生命周期概述

项目的生命周期是描述项目从开始到结束所经历的各个阶段,一般将其划分为启动阶段(识别需求)、规划阶段(提出解决方案)、执行阶段(实施或开发)和结束阶段(试运行或结束)。

制药企业的日常工作内容中大部分具有重复性和连续性,采用过程分析技术实施检测放行涉及生产、质量、采购等多个部门,有时间、成本和性能上的要求,适合采用项目管理的方法来处理。图 3-1 是新产品研发上市项目流程图。

企业在开展过程分析技术项目时也将遵循项目生命周期的几个主要阶段,在项目实施过程中分配的资源和关注的焦点会有可预测的变化。其中,在启动阶段主要建立项目目标及范围,进行项目可行性研究;在规划阶段提出初步的过程控制和实施方案,并进行概念验证;在执行阶段按照预定的方案对项目进行定期的监控和质量管理,并对变更进行控制;在结束阶段对项目进行总结和持续改进。以下将对部分关键步骤进行适当讨论和强调。

3.2.2 项目的启动

1. 项目目标及范围确定

以过程分析技术替代传统的生产方式,通过对生产过程进行实时在线监测,不仅能减少送样检测时间和整体生产周期,还有助于加深对生产工艺的理解,可以更好地保证产品质量,防止废品及废料的再加工。概括来说,企业实施 PAT 项目的主要目标在于提高产品质量;降低运营成本,提高生产效率;提升企业在行业中的竞争力。

企业在过程分析技术项目实施前可运用态势分析法(SWOT analysis)进行企业的立项管理,在项目实施前充分地评估实施过程分析技术的风险,并做好合理的规避措施,应选择适用的产品与质量指标,作为项目的改善点并设定改善目标,具体参考本书 4.2.4。

一般来说,过程分析技术项目管理的范围包括目标、项目设计、状况报告、

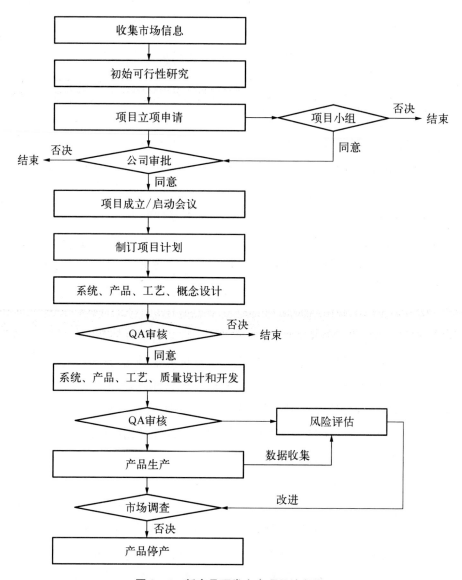

图 3-1　新产品研发上市项目流程图

总结、可行性研究计划、方案、变更、成本控制及数据管理等。

2. 项目的可行性研究

(1) 企业战略

要从企业的长远发展角度去分析过程分析技术项目的可行性,从企业效益和经济利益上来说,一个即将下市的产品没有开发和应用过程分析技术的必要。过程分析技术项目的开发首先要结合企业的发展规划,现有资源(土地、资金、人员等)应能支撑过程分析技术应用生产线的建设。最重要的是过程分析技术项目的执行不能影响企业的正常生产。

（2）客户调研

不同的客户,其自身的需求也各不相同。需要了解采用过程分析技术是否能满足多数客户的需求,如某些企业面临库房不足问题,实施过程分析技术及在线实时检测放行技术能够减少中间品和成品的暂存,提高库存效率。又如在当下国内大力推广"4+7"药品集中采购的背景下,成本低廉、安全性和可及性高的药品能使企业优先占据市场,而采用过程分析技术无疑能够帮助企业很好地实现这一目标。

（3）法规支持

国际上,FDA 和 EMA 已相继颁布了有关过程分析技术的指南技术文件,而国内对于 PAT 相关的法规和技术要求较为匮乏,因此在新药申报或变更审批上存在挑战,需要监管部门与企业共同商讨并制定切实可行的法规。

虽然存在诸多挑战,但是为了推进我国制药行业朝着高智能、高效能方向发展,采用过程分析技术,实施药品生产过程智能化是大势所趋。目前,在国家药品监督管理局的组织牵头下,国家药品监督管理局药品审评中心、国家药典委员会、国家药品监督管理局食品药品审核查验中心及省级多家监管机构也在积极开展过程分析技术相关课题的研究及指导原则的制定工作,相信很快就会建立、出台有针对性的监管策略和法规标准。

（4）硬件支持

近些年,中国的智能制造、装备行业跨越式发展,过程分析仪器及自动化装备日新月异,可以为过程分析技术研究提供充分的硬件支持。过程分析仪器不是简单将仪器直接安装到生产流程中,而是在仪器安装前需要进行风险分析,仪器的材质及采样过程等不能对生产操作和产品质量造成不良影响。物料的输送管路中,应尽量减少弯道的设计。尽可能采用在线方式进行清洁,如需要对设备进行拆卸清洁,则应选用易于拆卸的快速接头设计。

3.2.3 项目的规划

1. 制订项目开发计划

在开发过程分析技术时需要对项目实施过程中可能遇见的问题进行评估并形成预案,这是项目开发的重点,同时也是项目概念阶段的总结。项目开发

计划是对企业长远发展战略、产品的生命周期、企业的管理能力和执行能力的系统性评估,主要包括以下内容:

（1）企业简介。简单介绍企业的发展战略、产品结构和市场资源情况。

（2）项目简介。简单介绍项目的主要内容、资源利用、项目周期。

（3）项目必要性评估。对项目建设的必要性进行评估。

（4）技术评估。主要包括:

① 工艺介绍。介绍实施该项目所涉及的工艺步骤、原理和主要设备。

② 工艺流程。包括详细的工艺流程图。

③ 工艺过程的详细描述。所涉及的工艺步骤的详细介绍,包含关键参数设置的合理性,所采用设备的相关性和可操作性及选择的依据,必要时可列出采用的设备的品牌和型号。

④ 关键质量控制点和关键控制参数。详细介绍关键质量控制点和关键控制参数的选择及依据,并制订参数可选范围。

⑤ 变更评估。如果是对生产多年的产品进行连续制造工艺的开发,需要考虑变更前后工艺的对比,并按照相关法规执行变更。

⑥ 项目概念设计相关附件,包括总布局平面图、人流物流图、各功能区域平面布置图、设备工艺布置平面图、工艺流程图、过程分析监控点布置图。

2. 制订项目执行计划

项目开发计划获得批准后,应再次对整个项目的范围及优先级进行确定,并对项目的工作内容进行分解,赋予项目小组成员各阶段的职责和任务。表3-2显示的是项目的内容分解。

表 3-2 项目的内容分解

各项分解的任务	QA	QC	技术	生产	工程	设备	第三方
确定需在线分析的参数	√	√	√	√		√	
工艺设计	√		√	√	√	√	
文件起草及审核	√	√	√	√	√	√	
制订在线仪器用户需求说明（URS）及定制	√	√	√		√	√	√

续　表

各项分解的任务	QA	QC	技术	生产	工程	设备	第三方
制订制造系统 URS 及定制	√		√	√	√	√	√
仪器、设备 3Q 确认	√	√	√	√	√	√	√
验证	√	√	√	√	√	√	√
数据整理及分析	√	√	√	√	√	√	√
财务分析			√	√	√	√	
生产效率统计及分析				√	√	√	
总结	√	√	√	√	√	√	

（1）定义项目范围

在项目经理的指导下,综合项目需求建立项目范围,制订项目目标和各阶段的技术要求、可交付的成果,如在早期阶段,可交付的成果可能是仪器、设备的 3Q 确认;在第二阶段是完成工艺验证;在第三阶段是完成项目所涉及的法律法规符合性认证;在最后阶段是培训和维护的计划。

项目范围的定义应包含以下内容。

① 项目目标。确定项目建立所要达到的主要目标和最终要求。

② 可交付的成果。项目生命周期内的各项工作期望达到的结果。

③ 里程碑。项目执行过程中的突出事件,以及项目实施过程中重要的工作节点。

④ 技术要求。为保证项目的顺利进行,对项目进行过程中各项操作均要有技术要求。

⑤ 限制和排除条件。应对项目范围和限制条件加以规定,否则会造成资源浪费和错误的预期结果。

（2）建立项目优先级

需要建立各分解项目的优先级别,如需要与监管部门沟通的项目需要优先执行。

（3）项目分解

将整个项目按照需求分解成若干个子项目,由不同的项目小组分别完成。

例如,可将项目分解为风险管理项目、合规管理项目、验证项目、工艺研究项目、检测技术支持项目、时间管理项目等。

① 风险管理项目:负责项目周期中所有风险的评估工作。

② 合规管理项目:负责与监管部门沟通,产品注册、法律法规合规性研究及数据安全管理等工作。

③ 验证项目:包括设备和仪器选型、设备确认、检验方法确认、工艺验证等。

④ 工艺研究项目:包括工艺开发、工艺参数的研究和确定、工艺流程的设计。

⑤ 检测技术支持项目:包括检测技术的研发和验证,检测设备的研发、选型和确认。

⑥ 时间管理项目:赋予各个项目目标的时限要求,负责项目进度的管理工作。

3. 制订项目沟通计划

应建立和完善沟通计划制度和报告制度,由各项目小组或个人及时汇报各自所负责的分解项目的完成情况,有不同的意见和建议时也可以通过这个沟通制度和项目小组其他成员及项目管理者进行分享和沟通。可在项目不同的阶段召开沟通会议,会议可以分为定期或不定期的,可以在项目执行的某一阶段或者完成某个里程碑事件时召开,也可以在项目进行中需要开展集中讨论时召开。沟通会议不仅仅是企业内部的沟通,必要时应与供应商、监管部门等进行沟通。

(1)外部沟通

① 与供应商沟通:由专门的沟通项目小组,如采购小组来负责和项目供应商的沟通,包括项目设计、设备供应、验证等;由采购小组和项目的指定负责人或者技术负责人共同沟通,必要时可以召开现场会议或远程会议,由相关项目参与人员共同参与。

② 与监管部门沟通:凡是涉及产品工艺流程、工艺参数和关键控制参数、设备及其他可能影响产品质量的变更时,在项目的规划阶段就要与监管部门进行及时、有效的沟通。由项目负责人、质量负责人、注册人员、法规负责人共同组成沟通项目小组,对项目实施过程中所遇到的合规问题进行评估,在项目初始阶段和监管部门进行沟通备案,建立沟通计划,定期与监管部门就项目的

<<<< -

合规性及项目的进展情况进行沟通。

（2）内部沟通

由项目负责人在不同时间点召开沟通会议，以了解项目的执行情况，并对突发事件开展评估和分析，以确定是否增加项目内容或者确定解决的方法。如建立偏差的报告和处理制度，建立分解项目达到和完成目标的报告制度等。

4. 制订项目资源进度计划

为了降低项目成本，需要对项目所需的人力、材料、机械、技术、资金等资源进行计划、组织、指挥、协调和控制。在项目执行过程中，为保证资源的供应，应按照制订的各种资源计划，派专业部门人员负责组织资源的来源，进行优化选择，并把它投入项目管理中。

3.2.4　项目的执行

由于实施过程分析技术的目标是促进药品生产及质量的持续改进，因此适宜采用 PDCA(plan、do、check、act)循环的管理方式。在"check"阶段，对项目进行检查，以确认是否达到既定目标。在"act"阶段，对"check"得到的结果进行分析，提出项目的改进措施，并再次开始循环，直至项目完成。

1. 在计划准备阶段，需开展的工作如下：

（1）制订项目的实施方案。

（2）完成工艺规程、批记录、检验记录、标准化作业流程（SOP）等文件的批准。

（3）完成生产线联机调试及工程批的试生产。

（4）完成物料的准备工作。

（5）完成各种统计表格，包括数据统计表格、成本统计分析表格等。

（6）完成人员及职责分配工作。

2. 在执行阶段，需开展的工作如下：

（1）进行第一个周期，5～8 个批次的工艺验证。

（2）完成数据记录，包括仪器的电子记录，对在线分析工具的手工记录及原料、中间品及成品的检验记录。

（3）进行数据整理、对照、分析。

（4）根据第一周期的运行情况完善及修订相应的方案，再进行第二个周期，5～8 个批次的工艺验证。

(5) 数据分析。

(6) 人员培训。

(7) 设备维护。

3. 在项目执行阶段结束后,需完成项目总结报告,其内容如下:

(1) 设备投资清单。

(2) 在线仪器运行情况报告。

(3) 生产线工艺验证情况报告。

(4) 数据完整性和可靠性分析报告。

(5) 生产效率统计及成本分析报告。

3.2.5　长期运行及持续改进

1. 系统的长期运行

在过程分析技术项目长期运行过程中,整体系统的有效性是关注的重点之一。整体系统的有效性依赖于:系统的可用性、性能、效率、最终质量及设备的使用年数,任何一个因素的失效都会导致系统的失效。其中,系统可用性的优化可以通过优化设备停转、安装和调试的时间实现;系统性能及效率的优化可以通过减少如流程延误、非标准化导致的过多变化等实现;系统最终质量的优化可以通过减少缺陷来实现。

从生产角度来看,解决设备问题是重要的,因为它们可能对过程和产品质量造成直接影响。在设备的长期运行过程中,需对以下时间损失进行跟踪。

(1) 因设备故障导致的停转。

(2) 安装和调试所需的时间。

(3) 非有效启动损失的时间或周期。

(4) 加工工具损失的时间。

(5) 小范围停滞损失的时间。

(6) 低于理想速度运转。

(7) 生产有缺陷或不符规格的产品。

全面生产维护(total productive maintenance,TPM)是以提高设备综合效率为目标,以全系统的预防维修为过程,以全体人员参与为基础的设备保养和维修管理体系。TPM 旨在通过提供全生命周期设备管理的方法来最大化生产系统的性能。设备综合效率(overall equipment effectiveness,OEE)是

TPM 的代表性指标。OEE 的计算公式如下：

$$OEE＝可用性×性能功效×合格率$$

预防性维护是指根据设备使用状况和检查情况有计划地对设备和零配件进行定期维护和更换，通常包括保养维护、定期使用检查、定期功能检测、定期拆修、定时更换等几种类型。预防性维护是为消除设备故障和生产的计划外中断的原因而制订的措施。预防性维护需要根据各种故障类型来确定维护的种类，如进行换油、润滑、更换易损件、清洁及定期检查等。当维护人员和生产线工人都得到适当的有关预防性维护的培训且有详细的维护计划，设备故障数据和修理工作记录被妥善保存时，有关培训的可靠性函数达到最佳值。

2. 失效模式与效果分析（FMEA）

预防性维护在设备维护方面是非常有必要的，尤其是对于实施过程分析技术的连续制造而言，预防性维护能及时阻止在生产过程中因设备故障导致的差错。预防性维护是通过设备数据和信号的采集来分析和判断设备的运行趋势、故障部位、原因并预测即将发生的变化和发展趋势，提出预防措施，防止和控制可能出现的故障。预防性维护可以根据需要，在机器停转期间对部件进行更换或维护。预防性维护需要根据机器特性，制订详细的数据采集计划并分析信息以确定机器是否快要出现故障及故障的类型。

可采用 FMEA 来实现预防性维护。预防性维护 FMEA 的实施步骤如下。

（1）确定输入可能出错（失效模式）的方式。

（2）为每个失效模式确定严重程度，按严重程度由低到高可分为 1～10 个不同等级（表 3-3）。

（3）识别每个失效模式的潜在原因，选择每种原因出现的频率，按出现的频率由低到高可分为 1～10 个不同等级（表 3-3）。

（4）列出每种原因的现有控制，选择每种原因被发现的可能性，以及现有控制计划觉察或防止既定原因的能力，按被发现的可能性由低到高可分为 1～10 个不同等级（表 3-3）。

（5）计算风险优先数（risk priority number，RPN）：RPN＝严重程度×出现的频率×被发现的可能性。

（6）提出行动，指定负责人员，提出过程控制。

（7）确定预计的严重程度、出现的频率和被发现的可能性等级，并比较RPN大小。

表 3-3　设备维护失效模式评分标准

等级	严重程度	出现的频率	被发现的可能性
1	不会注意到的不良结果或无关紧要的结果	偶尔发生	确保在到达下一个工序之前发现或防止出现潜在的故障
2	对产品质量有轻微影响	有文件支持的低故障率	几乎可以肯定，潜在的故障将在到达下一个工序之前被发现或预防
3	对产品质量有轻微影响，设备生产性能有轻微下降	无文件支持的低故障率	潜在故障到达下一个工序而未被发现的可能性很小
4	因为对产品质量有轻微影响而必须调整生产性能	偶尔的故障	可检测和防止产品在放行前流入下一工序
5	不会产出不合格产品，但产能和生产效率降低	中等故障率，有预测的	中等程度的可能性，潜在的失败将到达下一个工序
6	设备需要维护保养，或受到投诉	无文件支持的中等故障率	在到达下一个工序之前检测或预防潜在故障的可能性很小
7	组件故障，产品需要大量返工或报废	有文件支持的高故障率	在到达下一个工序之前，检测或预防潜在故障的可能性非常低
8	设备丧失功能	无文件支持的高故障率	在到达下一个工序之前，检测或预防潜在故障的可能性非常低
9	产品的质量和安全性能不达标，需要召回，有违法可能	几乎肯定出现的故障	当前控件甚至可能无法检测到潜在的故障
10	明显影响产品的质量和安全性能	确定影响产品失败的故障	当前控件不会检测潜在故障的绝对确定性

3.3　确保 PAT 项目成功实施的要点

3.3.1　项目团队构建及人员管理

过程分析技术项目涉及药学、材料、机械、工艺、计算机、化学计量学等多学科，因此需要组织多学科的项目团队成员。由于操作模式不同，构成项目团队的方式也有所不同。表 3-4 列出了项团队主要参与者及其承担的主要职责,其中核心成员包括项目经理、过程分析化学家、产品/生产专家、工艺工程师等。由于车间操作人员对生产过程有直接的、一手的经验,能为开发针对性的过程分析技术及日后的岗位培训提供帮助,因此在团队中还应包含参与项目全生命周期的经验丰富的车间操作人员。在实施过程分析技术项目过程中,需要团队成员对大量的过程数据进行有效收集和组织,因此,富有凝聚力和有效管理的团队对获取有用的过程理解知识和实现稳健的过程分析方法来说至关重要。

表 3-4　项目团队主要参与者及其承担的主要职责

基本团队	岗　位	承担的主要职责
项目管理	项目经理	项目管理、资本管理、与投资方和利益相关方的沟通
	运营管理专家	业务评价、制订项目指标、促进六西格玛工具的有效应用
分析	过程分析化学家	过程分析仪器的选择和选择标准的确立、过程分析仪器的确认和验证、过程分析方法开发、过程分析仪器的操作和培训、仪器测量的优化
	化学计量学家	数据管理和数据融合、过程数据分析、多变量数据分析、分析仪校正模型开发、等效方法选择和开发、开发过程模型、实验设计
	分析化学家(分析师)	参比方法选择、参比方法的可行性、方法等效性确认
	产品/生产专家	产品配方选择、工艺步骤确定、原料及其特性的掌握
过程工艺	工艺工程师	在线/线上分析仪的集成、过程理解、推进风险评估、过程仪器集成
	产品工程师	过程监督和分析、生产计划的制订和执行、产品中的共同开发、验证和变更的管理和控制
	自动控制实施者	设备自动化、实施控制策略
	制造业的代表(如客户)	生产和物流的运行、调度和变更控制、制订和培训标准操作规程
产品	车间操作管理者	掌握购入设备的操作规程,培训设备的操作人员
	产品工程师	产品工艺和生产设备的管理

3.3.2　项目全生命周期的质量管理

为实现项目目标,应将质量管理贯穿于项目的全生命周期,在项目的概念、设计、计划、实施、执行、变更及结束阶段都需要质量管理人员的全程参与。

过程分析技术项目具有高度复杂性,将大量实验数据集(实验数据在产品和工艺生命周期的研发和试验阶段获得)与生产数据相互链接是进行质量风险管理的关键挑战。可以应用包括鱼骨图/因果关系图、控制图、实验设计、直方图、帕累托图和过程能力分析等定量统计工具做出更可靠的决策。

项目在正式实施后将产生海量的数据,其中过程分析的监控数据可分为设备运行数据、物料监控数据和设备维护数据等。这些数据的产生、存储和使用必须符合现行 GMP 规范的要求。应明确规定数据库用户及其权限的管理标准,用户和权限的申请、变更应履行完整的申请和审批手续。实施过程分析技术所记录的数据通常采用远程的数据库方式管理,数据库的容量和备份周期应该通过验证来确认。备份和存档的恢复应进行定期的验证和确认。

3.3.3　项目组织管理的协调

过程分析技术项目涉及检测数据的可靠性、检测数据和 QC 数据的关联性、设备的可实现性、数据的完整性、检测设备和制造设备链接的可行性等,故项目组织管理的协调至关重要。

1. 外部协调方面

(1) 与设备制造供应方的协调内容主要如下。

① 设备提供项目所需的在线检测数据的可行性。

② 在线检测数据的可靠性及分析能力,即不仅仅是测试数据是否可靠,还需进一步对检测数据进行分析,然后判定合格与不合格。

③ 仪器与制造设备的链接,如在线检测数据判定不合格,设备接收到何种指令。

④ 验证等。

(2) 与药品监管、注册等部门的协调内容主要如下。

① 目前的法规指导原则要求。

② 研发与注册申报进度。

③ 变更评估等。

2. 内部协调方面

（1）QC 检验数据与在线检测数据建立关联及确认。

（2）在线检测数据的方法确认。

（3）在线检测数据的管理等。

3.3.4　项目成本管理

项目成本是评价一个项目是否成功的关键因素之一。过程分析技术项目是一项系统性工程，一般项目的周期长、费用高。为保证项目能达成预定目标，必须加强对项目实际发生成本的控制，仔细核算过程分析的成本收益。

实施过程分析技术的成本主要从仪器及设备的投资成本、实施过程分析技术以后的运营成本及企业的综合成本等方面考虑，具体的成本分析见表 3－5。

表 3－5　项目成本分析

	原工艺	实施过程分析技术以后	备　注
固定资产投资			
设备维护成本			
设备维护人员数量			
生产人员数量			
QC 人员数量			
产量计算			
单位生产成本计算			
单位综合成本计算			

3.3.5　过程分析系统的选择

采样系统、分析仪、自动化及数据管理系统是过程分析系统的核心组成部分，且各部分的相互影响巨大。在实际工作中，不恰当的设备选择，如设备不配套或探头设置不当等，是最常见的问题，为了确保过程分析技术项目的顺利实施，应在项目开发阶段结合生产工艺和检测目标属性对过程分析系统进行精心挑选和测试。

在设计分析仪时,应考虑物理布局、公用工程的需求、设备显示、采样系统、环境影响、用户界面、信号输入输出、诊断、合规性、可靠性、安全性、可维护性、兼容性及长期拥有成本等方面。

3.3.6 项目知识管理

过程分析技术项目管理属于知识密集型行业。要取得项目开发的成功并维持竞争优势,必须依赖知识资源的优势,而知识资源的积累立足于知识管理。这些知识包括与领域相关的理论知识,如制药领域内相关的定义、定理、模型算法及常识性知识等;事实数据和由专家经验得到的启发式知识。

知识库的建立,可以将信息/知识积累、保存下来,包括收集相关信息、分析信息特征、确定特征之间的关系等,并有利于加快企业内部信息和知识的流通,实现组织内部知识的共享。

企业应结合自身的特点,如产品类型及规模、人员水平、企业文化等情况,确定企业知识管理的蓝图和实施路径,并建立知识管理的信息化平台。知识管理的信息化平台,应与日常业务过程密切结合,如与协同办公系统相融合。对于每个层次的员工,都能有个性化的知识管理界面,能够快捷地找到所需的知识内容,并能快捷地发布自己整理的知识。具体可参阅本书 6.2 节。

3.4 原料药碳酸钙项目管理案例

3.4.1 项目的启动

碳酸钙作为原料药具有巨大的市场规模和需求,且工艺简单稳定。碳酸钙的传统批次生产过程依赖于人工操作,生产规模依赖于设备规模,且由于传统的碳化法仅通过判断法确定反应终点,无法控制晶体的形貌和颗粒的大小,使得产品批次间差异性大,如采用过程分析技术,可以实现碳酸钙的连续生产,同时可以起到有效控制晶体的形貌和颗粒的大小,改善产品批次间的质量一致性,缩短生产周期,降低能耗及提升经济效益等作用。

因此,为了实现更高产能和质量的生产,某制药企业拟对原碳酸钙原料药的合成工艺进行变更。通过对产品市场定位及附加值、生产工艺、法规背景、现有设备及技术支持等进行综合评估后,认为开展碳酸钙的过程分析技术项目具有充分的可行性。项目预期于1年内完成,变更后将采用连续生产技术实施碳酸钙原料药的实时在线检测放行。

项目团队由项目经理和相关负责人组成,下设设计小组、质量小组、工程小组、采购小组及财务小组等。项目经理应在项目管理、制药工艺、分析检测技术等方面具有丰富的经验,项目的参与人员应熟悉药品的生产流程,接受过GMP 相关培训。项目团队人员的职责、要求及背景见表3-6。

表3-6 项目团队人员的职责、要求及背景

职 位	职 责	要 求	背 景
项目经理	负责项目的实施、协调	熟悉项目管理的流程,具备管理相关项目的经验	制药相关专业,从事化工、制药相关工作
质量受权人	方案、文件等的把控和批准	管理药品生产质量,对产品熟悉,有相关产品5年以上的生产和质量管理经验	药学相关专业,熟悉产品的检验、工艺流程、注册流程及相关法律法规
工艺人员	项目的工艺制定、实施等	熟悉产品生产的流程,有相关产品5年以上生产经验	药学相关专业,从事制药生产管理和工艺技术相关工作3年
工程人员	解决项目实施过程中的工程问题	熟悉制药生产企业环境要求、厂房需求,负责厂房和公用系统 URS 的起草	药学或机械自动化相关专业,从事制药装备和工程相关工作3年
QA 人员	项目方案、文件等的审核	熟悉药品生产质量管理	药学相关专业,从事制药生产质量管理相关工作至少3年
QC 人员	项目实施过程中样品的测试	熟悉产品的测试标准和操作	药学或检验相关专业,从事药品检测工作至少3年,熟悉检测设备
法规人员	项目所涉及的法规把控	熟悉药品管理法、GMP、注册管理办法及相关指南	从事过产品注册相关工作
设备人员	项目实施中设备问题的解决	熟悉制药企业设备的原理	制药机械相关专业或从事过5年以上制药机械相关工作
数据人员	项目所涉及的数据整理、分析	计算机相关专业,熟悉WHO 关于数据管理的要求	在制药行业有相关工作经验

职　位	职　责	要　求	背　景
计算机人员	项目所涉及的计算机控制等	计算机相关专业,熟悉简单的编程	有制药行业相关工作经验
文件管理人员	项目所有文件的整理	熟悉 GMP 对文件管理的要求	有制药行业工作经验和工程档案保管经验
后勤人员	为项目组提供后勤保障	熟悉采购流程,保障人员和水电气	熟悉制药企业采购流程

3.4.2　项目的规划

项目开发的流程具体参见 3.2.3 节相关内容,以下主要针对碳酸钙原料药生产工艺中过程分析控制策略设计部分展开详细讨论。

原碳酸钙原料药生产工艺流程见图 3-2。碳酸钙可通过两步反应制得,第一步:氧化钙与水进行消化反应,生成氢氧化钙;第二步:氢氧化钙与二氧化碳反应生成碳酸钙。碳化反应结束后,碳酸钙浆料经脱水、干燥、包装等步骤,得最终碳酸钙原料药成品。

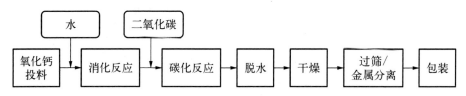

图 3-2　原碳酸钙原料药生产工艺流程

针对最主要的消化反应和碳化反应,研究和设计如下过程分析控制策略。

1. 消化反应阶段

消化反应是氧化钙与水的反应,传统的批次生产工艺是将氧化钙投入消化反应釜中进行反应,待反应完成后,转移至下一步工序,进行碳化反应。如果要进行连续生产,就涉及氧化钙及水的连续输入、消化反应的持续进行及所生成的氢氧化钙持续输出的问题。

在设备设计方面,采用氧化钙及水的连续投料,在反应釜中进行消化反应。同时,需要将持续生成的氢氧化钙从系统中连续移去,从而保证反应的持续输入及输出。因此,在反应釜中设计了一个连续输出的管路系统,以此来保证输入及输出的动态平衡。

在工艺控制和受控状态方面,为保证消化反应充分,需要对关键的工艺控制参数"水灰比"(氧化钙与水的比例)进行控制,同时又要保证满足水灰比的物料同时进入反应釜进行反应,因此,在消化工艺中,可以采用连续消化机的系统控制通过在线称重系统控制氧化钙的投料速度及进料数量;再通过在线流量计系统,控制水的流速和流量;二者之间再通过专门设计的分布式控制系统(distributed control system,DCS)进行物料比的关联,从而实现反应物料、氧化钙、水的持续输入和稳定控制。由于消化反应是放热反应,当温度下降时,则可判定反应已经结束。因此,在控制指标上,以氢氧化钙浆料温度的变化,来持续监测消化反应的终点。

2. 碳化反应阶段

碳化反应是混悬状态的氢氧化钙浆料与气态二氧化碳的酸碱中和反应。传统的批次生产是在碳化反应釜中通入二氧化碳进行反应的。反应完成后,通过取样检测方式,使用酚酞指示剂进行反应终点的判断。如果要进行连续生产,就需要确定影响反应终点的关键参数及控制方式。

碳化反应是碳酸钙生产的关键反应步骤,实际上通过控制不同的反应条件可影响碳酸钙产品的微观结构,包括晶体的形貌及颗粒大小等,为此需要建立工艺模型进行研究。在工艺模型建立方面,首先考虑对碳化反应的各项参数的建立与可控晶体形貌及颗粒大小之间的关联模型。通过相关文献资料和实验室研究发现,产物晶型和反应速度及反应过程中的 pH 有直接关联,而 pH 与氢氧化钙浆料的进料流量,二氧化碳气体的浓度、流量等控制参数均相互关联。为简化控制机制,降低系统复杂度,在一定的工艺条件下,固定二氧化碳的浓度及流量,氢氧化钙浆料的浓度与终点判定动态关联,最终形成通过设定关键参数 pH,采用分布式控制系统通过 PID 调节方式控制氢氧化钙浆料流量来拟合反应终点。

在设备设计方面,为支持上述控制方式,碳化系统采用小容量高通量的碳化反应釜设计。在碳化反应釜中设计了转移管路系统,确保反应完成的物料转移至熟浆罐,反应未完成的物料继续在反应釜内进行反应,以确保 pH 的动态平衡。碳化缓冲罐的设计确保了氢氧化钙浆料进料量的可控。

在工艺监控方面,对所有影响碳化反应的参数,如 pH,CO_2 浓度、流量,温度,氢氧化钙浆料流量等实施在线监控,并建立工艺报警清单。

3. 脱水干燥阶段

碳化反应生产的碳酸钙浆料,还需要转移至洁净区进行脱水及干燥工序,之后得到最终成品。

在设备集成设计方面,在物料从熟浆罐进入洁净区之前设置缓冲罐,脱水设备使用连续进出料方式的脱水设备,实现连续进入浆料,出料通过螺杆连续进入干燥机进行干燥,同时对干燥后的出料温度进行精准控制,物料经管道连续输送至自动包装机进行包装,得到成品碳酸钙。

在工艺控制方面,可采用近红外光谱分析技术对成品的水分和颗粒均匀性进行在线监控。

3.4.3 项目的执行

1. 确定在线分析的关键质量参数

碳酸钙原料药的主要工艺及关键参数见 3.4.2 节相关内容。根据产品、工艺的需求,确定在线分析的关键质量参数,所有参数的确定应有一个量化的指标,可以转换成数据储存于电子设备中。同时根据需要,确定在线分析的环境参数,例如压差、湿度、温度及悬浮粒子等。

2. 工艺设计

根据确认的关键质量参数,设计工艺及在线监控参数。每个关键质量参数的监控应该选择有代表性的监控点,所选择的设备应易于监控探头的布置和安装,必要时可安装多个监控点以确保监控参数具备代表性。对于采用无线数据传输的设备来说,需要稳定可靠的网络以保证数据的安全,必要时应该有一套备用的数据传输方案。

3. 文件起草及审核

根据工艺设计起草工艺规程、各工序 SOP、设备操作 SOP、验证方案草案、数据统计表、数据分析表等。文件的起草及审核应符合 GMP 的相关要求。

4. 设备 URS

在设备需求计划时应针对工艺设计先进行总需求计划的编制,然后按照不同系统、不同设备分别制订需求计划。需求计划制订时需要考虑监控点的设计和设备材质对生产过程的影响,尽可能地减少物料的滞留和物料结垢的影响。需根据确认的在线检测仪器的 URS 制订生产系统的 URS,并与设备供应商进行讨论及确认。

5. 设备 3Q 确认

根据风险评估确定需要验证的项目,从在线取样、数据传输、清洁方式、持续运转性能等方面进行评估。安装确认应该系统地考虑多个设备的情况,安装确认的方案应该是系统的确认,而不是单个设备的确认。设备的运行确认和性能确认应该整个系统同时进行。条件许可的情况下设计确认、工厂验收、进厂验收三个阶段应同时进行。

6. 工艺验证

工艺验证在起草完工艺规程和完成设备确认后进行。工艺验证需要物料属性数据和运行参数等大量数据的支持。此外,考虑到设备受老化物料结垢的影响,需要收集长期监控数据以对工艺稳定性进行评估。

7. 数据整理及分析

采用过程分析技术所收集到的数据是一个数据集,这些数据对生产工艺改进、设备预防性维护和工艺稳定性评估而言,都是重要的依据,因此在数据收集后必须对数据进行整理,按照数据的重要性进行分类,根据不同的需求和重要性整理归档提供给相应的数据分析人员。

经初步统计,项目正式实施后,通过采用在线分析技术,在消化工序通过在线称重及温度测定,在碳化工序通过在线 pH 测定,在干燥工序通过在线近红外光谱水分测定,所实现的中控放行使得每批次生产至少节省 2 h,生产效率至少提高 20%。原本采用离线检测放行时,如反应釜、干燥系统及锅炉等设备都处于持续运行中,采用过程分析技术后,减少了这些设备的运行时间和能耗。

此外,在生产人员方面,由于引入了大量的自动化操作,因而大大降低了人工操作和现场 QA 人员的需求。

3.4.4 项目的持续改进和优化

实时放行检测到的大批量数据可用于持续的改进计划,具体详见本书3.2.5 相关内容。目前,为简化控制机制,降低系统复杂度,对于碳酸钙晶型的控制是基于反应过程中的 pH,通过设定关键参数 pH,采用分布式控制系统通过 PID 调节方式控制氢氧化钙浆料流量来拟合反应终点。随着模型的完善,更优的工艺控制方式是利用拉曼光谱和近红外光谱分析技术在反应釜中监控晶体形成的过程,同时通过在线粒度检测监控碳化过程形成碳酸钙颗粒的大小。

（编写人员：陈　刚、颉孙燕、俞佳宁）

第 4 章　应用过程分析技术的产品和质量指标选择

【本章概要】　PAT项目开展前,企业通过对产品的市场定位及附加值的了解,从产品安全性与有效性的角度,评估影响目标产品的质量概况的关键质量属性(critical quality attribute, CQA)及其影响因素,明确过程分析技术项目的目标及必要性;通过对生产工艺的可控性评价与质量研究,找到需要通过过程分析技术快速探测的关键质量属性、关键工艺参数(critical process parameter, CPP)与关键物料属性(critical material attribute, CMA)等关键质量指标,进一步明确满足项目需求的过程分析设备与策略;通过SWOT分析法综合评价立项,合理规避项目风险,提高项目的成功率。

过程分析技术开发具有高投入、高技术、周期长等特点,为达成PAT项目成果的产业化,最终获得高额利润回报并降低项目失败的风险,建议企业将PAT的开发与应用作为项目进行管理,而选择项目适用的产品类型及拟过程分析控制的质量指标(项目范围与项目目标)则是决定项目成功与否的关键因素之一。

4.1　产　品　的　选　择

过程分析技术项目的选择可以从产品市场定位、产品附加值、产品工艺需求这三方面出发。在药品研发过程中,从患者的安全及临床有效性方面考虑,定义了产品的目标质量属性,评估出产品的关键质量属性,利用过程分析工具或仪器快速探测药品的关键质量属性,通过田口试验或DOE(试验设计)及时获得产品的处方比例与关键过程参数对关键质量属性的影响,可以缩短药品的研发周期,提高药品的研发效率;从药品生产的角度考虑,应用过程分析技术积累大量的数据,有助于企业增强对产品工艺的理解及工艺流程的优化。因此,在产品全生命周期的不同阶段,都可以通过使用过程分析技术达到提高对产品的理解、对工艺的控制、降低产品质量风险、提高用药安全性及优化产品成本的目标。

4.1.1　产品市场定位

为了控制医疗费用的不合理增长,合理配置医疗资源,降低药品成本,保障基本医疗,中国卫生和医疗行政部门建立了基本药物目录制度。通过严格的筛选程序,遴选安全、有效、经济的药品。2018 年 11 月 15 日,上海阳光医药采购网发布《4+7 城市药品集中采购文件》,标志着国家药品集中采购试点正式启动;2019 年 8 月,"4+7"城市药品集中采购正式全面扩围,这给医药生产企业带来了重要影响:① 制药企业价格战激烈,通过仿制药一致性评价提升药品质量,跨国制药企业参与集中采购(带量采购),药品降价成为主旋律(例如,2019 年 9 月 28 日,高血压药氨氯地平片 0.07 元/片引起新闻热潮),这响应了国家的号召,要让老百姓用得起、用得上良心好药;② 为实现"薄利多销",制药企业需通过降本增效提升竞争力,如采用自动化、连续化生产方式降低人力成本;③ 制药企业更加需要重视研发投入,获得更加经济、有效的新型产品。

2016 年 10 月 26 日,工业和信息化部发布了指导方针《医药工业发展规划指南》,支持生产企业建立科学研究与试验发展平台,在基于信息化集成的系统上,开展计算机辅助药物设计、模拟筛选、成药性评价、结构分析和对比研究,提高企业的药物研发水平和效率;支持企业开发符合医药行业特点,应用于研发、生产、质量管理的管理信息技术或系统,重点包括:

(1)自动化批次控制系统,如中药提取分布式计算机控制系统、自动清洗烘干系统、自动物料转运系统等;采用自动化脚本、电子处方或工单控制,按批次自动化生产,可降低企业用人成本,增强生产过程的稳定性,用更低的成本生产出质量更安全、更稳定的产品。

(2)制造执行系统(manufacturing execution system,MES):可进行计划管理、物料管理、设备管理、处方管理、流程控制,并可通过数据采集与监视控制(supervisory control and data acquisition,SCADA)等系统与设备控制层交互,有效衔接计划与控制,跟踪所有相关的资源,生成无纸化报表/批生产记录,甚至实现通过与设备控制层的交互按照排产进行自动化生产。

(3) 过程分析技术:可提高企业研发能力,为企业获得更多知识产权打下良好的基础;提高产品的质量水平,通过行业协会、企业标准信息公共服务平台甚至政府认证、批准技术标准、检验程序,一方面可以保护患者的利益,另一方面也可以创建自己的技术壁垒,提高企业的盈利能力。

4.1.2 产品附加值高

所谓高附加值,通常是指"投入产出比"较高的产品,智力创造的价值在附加值中占主要比重,具有较高的价值增长与经济效益。企业一般通过产品加工技术提升、知识产权管理、流通营销服务、品牌管理与推广等创造出远高于产品原辅材料的价值,就是附加值。制药企业可以提升产品附加值的方式包括:① 在研发层面,要通过市场研究差异化竞争策略,创造产品价值。② 在销售层面,要实现产品销售的网络化建设,提高消费者的可接受度。③ 在传播层面,要打造品牌积累价值,提升消费者的认同程度和认知价值。

为确定应用过程分析技术的产品,企业可结合自身需求,通过市场调研以确保企业定位准确,发现最佳改善点与市场机会。企业营销人员可通过调查,了解国内外市场现状、需求及发展,形成系统的调查报告;企业运营管理人员要了解企业在管理效率与水平、研发能力、产品与技术水平、采购谈判与议价能力、生产与质量控制水平、营销能力、流通效率、融资能力与金融盈利等方面的优劣势,确认自身的影响力与产品的水平以及在行业内的地位。通过以上调查与分析,确定具备高附加值或有较大潜力的产品。

研发层面采用过程分析技术是企业提高产品附加值的重要途径之一。采用过程分析技术优化生产工艺和质量控制,有利于实现药品从研发到生产的技术衔接和产品质量一致性,提升生产流程的自动化和信息化设计。研发层面创造差异化竞争通常有以下五个方面:① 基于药品的自身质量特性的研究。② 基于药品的疗效研究。③ 基于患者的用药感受研究。④ 基于产品营销策略的研究(如新型包装)。⑤ 基于患者、医疗机构关注的热点研究。

对于在监测技术上具有较大提高空间的高端产品,采用过程分析技术可以形成潜在的质量优势。通过过程分析系统与 SCADA 系统、MES 等的数字接口增强信息化传输控制功能,提高制药设备的自动化、智能化水平,既有利于产品工艺、质量的稳定,又符合国家发展规划。

4.1.3 产品需要增强工艺理解或控制

对工艺理解或控制的需求,通常有如下几个场景:

(1) 在产品开发阶段,通常需要进行大量试验,以了解产品的质量指标与工艺参数及生产规模的关系。采用过程分析技术获得的数据会比传统检测方法更及时,数据量级更大,因此基于这些数据基础的工艺控制也会更加可靠。

(2) 在产品商业生产阶段,在更大的监测程度与更丰富的数据基础上,生产技术人员对产品和工艺理解得更透彻,对工艺的优化(如时长、收率、稳定性等)和控制将更有信心。

(3) 对于某些需要实现实时放行检测或连续制造的产品,通过过程分析技术首先可以得到更加精确的工艺和质量接受范围;其次可以直接、实时地给出工艺和质量结果以供质量决策使用。

(4) 从精益生产的角度,使用过程分析技术后随着数据的大量积累而进行的工艺优化,会给产品带来诸多成本上的收益,如工序时长变短,报废产品减少,生产过程的质量稳定性变强,设备停机次数变少或停机时间缩短,等等。被优化的产品如果是高产量、高附加值的产品,则实施过程分析技术的成本会因产量扩大进一步被摊薄,而收益会增多。

对于一个产品,无论其处于研发阶段还是处于生产阶段,只要对工艺理解或控制有需求,且需求足够强,都可投入过程分析技术项目。

4.2 工艺的成熟度与质量指标的选择

为确保产品的质量稳定,降低患者的用药风险,企业一般采用生命周期的方法进行产品工艺的管控。产品工艺的成熟度和稳定性最终影响着患者用药的安全性和有效性,一般可从工艺可控性、工艺一致性的角度来评价。为保证良好的工艺可控性,企业技术人员应深刻理解来自工艺开发及生产过程中反馈的数据,得到相应的工艺控制知识,这是精细生产工艺控制方法的基础,从而能够生产出符合目标质量属性的产品。需要积累的数据和知识包括过程控制变异的来源(物料属性或设备参数)、物料属性或设备参数变异的探测手段(如传统分析手段、PAT)、这些变异对工艺或产品属性的影响与影响程度,以及变异控制方法,从而得到更加稳定可控的生产过程和质量更好的产品。

4.2.1　工艺可控性

为保证产品质量,工艺的可控性强调控制过程输入的变异,在关键工艺控制点,进行物料属性的分析,以及设备重要参数的监控。基于对工艺控制点的物料属性、设备参数相互作用方式的充分理解建立控制方法,通过确认或验证(一般为工艺确认或验证)活动保证在工艺生命周期内,即便是在原辅材料、生产设备、生产环境、操作人员或生产工序发生变更的情况下,生产工艺也始终处于受控状态。

对于变异的控制方法,建议企业进行周期性回顾或持续收集、分析产品和工艺数据,对工艺受控状态进行评估,以进行持续改进。评估产品的工艺可控性,通常需要了解以下知识:产品成分的物理、化学特性与作用机理,工艺控制的处方比例、关键控制参数、关键质量属性。企业将从产品和工艺开发中获得的信息和知识,作为确立生产工艺过程控制方法(控制策略)的基础,并确保应用该产品工艺所生产的产品具有所需要的质量属性。确认并实施控制策略后,生产工艺将时刻保持受控状态,除相应的变化应按规定展开变更研究外,不应随着物料、生产设备、生产环境、操作人员及生产流程的变化而失控。所谓受控状态,一般通过定期产品回顾进行评估,所收集的数据包括相关的关键工艺参数变化趋势,进厂原料、辅料、内包装材料、中间物料及药品成品的质量状况,以及关键质量属性的变化趋势。制药企业一般称之为“年度产品回顾”(若每年进行);原料供应商一般称之为“产品质量回顾”。

4.2.2　工艺一致性

工艺一致性,指的是工艺过程输出稳定,相关的中间体、待包装品及成品的关键质量属性合格并受控。在产品的研发阶段,判断生产工艺稳定受控的条件主要为产品的设计开发资料、试验记录是否充分和完整;工艺转移前的试验记录是否能够反映关键控制参数及关键质量属性数据稳定且受控,并达到研发阶段的目的,符合工艺转移的基本条件。在产品的商业化生产阶段,判断生产工艺稳定受控的条件主要为产品工艺的各工序过程能力表现良好;生产控制条件较为稳定;关键工艺参数确定并且控制范围明确;过程监控计划较完善;有关的工艺变量是标准化的,且始终处于受控状态;过程分析结果证实没有明显的异常变动;稳定性研究证实成品的稳定性满足工艺质量要求。

上文所讲的"变动"分为两种情况,一种是普通原因(也被称为"偶因")变动,这是一种在现有物料、工艺、测量系统的共同作用下,因为各种因素的自然波动而造成的结果,在工艺稳定的情况下,这些波动可以被预知;另一种是特殊原因(也被称为"异因")变动,是在生产工艺稳定、生产情况正常的情况下不会发生的事件,是无法预知的。通过统计技术(如统计工艺控制)可以发现特殊原因变动,发现现有结果与以前趋势(水平的、均一的)的差异,有时也称作"趋势异常"。

4.2.3　工艺稳定性

工艺稳定性的评价是基于工艺验证中对于工艺可重现的判断标准,以及生产过程中的过程监控数据,通过统计过程控制(statistical process control,SPC)分析控制图的结果。企业在研发、工艺转移、工艺验证与确认的过程中,通过风险评估,确立工艺的关键质量属性、关键工艺参数与关键物料属性,详见第8章相关内容。

通过对 CQA、CPP、CMA 的统计与积累,并通过 SPC 进行统计分析,从而判断工艺的可控性、一致性及稳定性。通过过程分析技术进行过程监控,可以实时获得大量 CQA、CPP、CMA 方面的数据。应尽量通过实时作图监控或回顾工艺的控制情况,发现过程中的变动,并及时采取调整措施对变动进行控制,以恢复工艺的受控状态。一般以时间顺序作为横轴,以原始数据或原始数据的处理结果作为纵轴,将原始数据或原始数据的处理结果作图,获得 SPC图。统计学意义与实际意义也不完全等同,当有足够样品时,也可能检测到一些无关紧要的统计学差异,所以使用 SPC 图时,应根据对工艺的理解,进行过程控制结果的相关性评估。

使用 SPC 图前,应满足以下几个前提,以确保数据的统计分析具有统计学意义。

(1) 数据具有完整性,数据的来源有保证,通过可靠的分析方法(如分析方法的专属性、准确性、重复性、再现性、精密度、检测限、定量限经过确认)获得,是一组有价值的数据。

(2) SPC 的分析指标用于描述 CQA、CPP、CMA,这些数据的分析对于期望获得的信息是有帮助的。

(3) 应用 SPC 的投入与风险级别相称,记录的结果按照生产的时间顺序排列,能明显看出相应指标随时间的变化趋势表现。

（4）为了能够准确显现工艺特性，取样方式需能够区分来源不同的样品，检测的方法应被详细定义且复现，如果有潜在的重要差异且可以取多个样品，在满足统计学要求的前提下，应考虑将样品合理分组（如批与批之间分组从而分析批间差异；合理分隔的时间段之间分组从而分析时间段之间的差异；不同生产线之间分组从而分析生产线间的差异）。

为判断产品工艺的可控性、一致性与稳定性，常用的 SPC 图有运行控制图、单值移动极差控制图、均值与变异性控制图、属性控制图、直方图、多变量控制图、过程控制能力图等。使用 Minitab、SPSS、SAS 等专业统计软件，可准确、高效地完成控制图的绘制过程（甚至信息化基础较好的企业，可以通过 MES 或质量管理系统自动完成控制图绘制与实时展示）。

例如，某厂为监测某一胶囊机的填充性能是否稳定，每隔 10 min 取 10 粒胶囊样品，称量内容物的质量。通过统计软件，得到内容物质量的过程能力报告（图 4-1）。

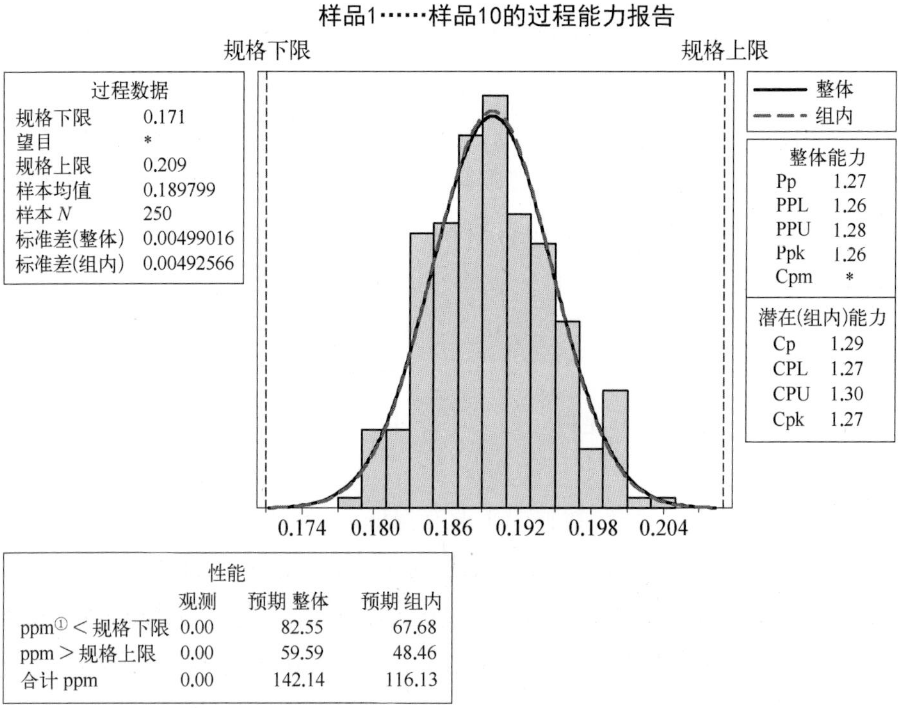

样品1⋯⋯样品10的过程能力报告

过程数据	
规格下限	0.171
望目	*
规格上限	0.209
样本均值	0.189799
样本 N	250
标准差（整体）	0.00499016
标准差（组内）	0.00492566

整体能力	
Pp	1.27
PPL	1.26
PPU	1.28
Ppk	1.26
Cpm	*

潜在（组内）能力	
Cp	1.29
CPL	1.27
CPU	1.30
Cpk	1.27

规格下限　　　　　　　　　　　　　　规格上限

—— 整体
---- 组内

0.174　0.180　0.186　0.192　0.198　0.204

性能			
	观测	预期 整体	预期 组内
ppm[①] < 规格下限	0.00	82.55	67.68
ppm > 规格上限	0.00	59.59	48.46
合计 ppm	0.00	142.14	116.13

图 4-1　过程能力报告示例

————————————————

① ppm＝10^{-6}。

过程能力指数的评价及推荐的改善措施如表 4-1 所示,示例中的过程能力指数 Cpk 为 1.27,通过该表可知其过程能力一般,需考虑优化和提升。

表 4-1　过程能力指数评价表

Cpk 范围	评价及改善措施
Cpk ≥ 2.0	特优,可考虑过程优化,如为提高产品品质,对关键的项目缩小公差范围;提高效率、降低成本
2.0 > Cpk ≥ 1.67	优,应当保持
1.67 > Cpk ≥ 1.33	良,能力良好,状态稳定,可尽力提升水平
1.33 > Cpk ≥ 1.0	一般,过程能力的相关因素稍有变异即有产生不良的风险,应利用各种优化方法提升过程能力
1.0 > Cpk ≥ 0.67	差,不良较多,必须提升其能力
0.67 > Cpk	不可接受,过程能力太差,应该考虑重新设计制造流程

过程能力指数需要和其他技术共同使用,例如直方图、运行控制图及控制图表来评估工艺。这些工具不应用来放行或者拒绝某个产品的批次。

使用 SPC 工具判断工艺的可控性、一致性、稳定性时,如果采用传统的取样检测方法往往会面临多次检测导致成本高、无法及时发现特殊原因变动、无法实时判断工艺走势等,或是由于取样代表性不强导致误判,或是数据不足等问题,使得技术人员无法全面、全程地进行药品质量跟踪管控。制药企业受工艺处方、生产步骤不能轻易变更的约束,在没有足够的分析或证实性材料之前,可能无法及时发现某些质量隐患并及时对其进行调整,以下是相关案例。

案例一

　　某制药企业生产某片剂产品时,原料药制备过程溶剂、反应条件不同能产生多种不同晶型,其中有五个晶型均为原研制药企业有专利保护的晶型,只有一个晶型不受专利保护。为避免专利侵权,需使用 X 射线衍射法检测原料药的晶型。采用这种检测法检测费用高且周期长,只能进行抽样检测。但由于不能实现对原料药每个最小包装进行检测,仍然存在专利侵权风险。

案例二

　　某制药企业已生产多年某罕见病治疗药,突然通过内审发现药品溶出度低于《中国药典》标准,该企业随即启动产生溶出度异常的原因调查,确定产品包衣层中的玉米朊质量波动导致产品溶出度不合格。该药品是一种基础常规用药,大部分患者常年长期服用或长期备用。该企业发现问题后,主动向药监部门上报,按照国家药品召回管理办法,对药品实施了"三级召回"政策,召回造成了短期大范围缺货。该企业通过控制玉米朊入料质量,恢复供药。

案例三

　　某制药企业的某胶囊产品拟按一致性评价的方式进行申报,拟在申报通过后扩大产能变更生产批量,需更换更大的混合容器,混合均匀度可能会受到影响。传统的做法一般是在工艺放大的过程中摸索工艺参数,但受制于成本因素不可能像在实验室那样设计 DOE 实验去研究设计空间。

　　对于产品工艺相对成熟的产品,可以通过 PAT 对所选择的关键控制参数或质量指标进行实时监控、反馈控制,降低产品的变异性,从而使产品的过程控制更加稳定,甚至可以通过中间过程的实时过程监测、反馈控制和参数放行,实现自动化生产控制;对于产品工艺不够成熟稳定的产品,可以通过 PAT 及 DOE 试验,增加对工艺和产品的了解,加强生产过程控制,形成生产工序全程监测的数据流,通过与设备参数的对比、回归分析使产品工艺更加成熟及稳健。

4.2.4　质量指标的选择

　　企业在过程分析技术项目实施前,应选择合适的质量指标,作为项目的改善点并设定改善目标。可采用态势分析法(SWOT analysis)综合评价项目适用的产品与质量指标(项目范围与项目目标),系统地依照矩阵形式排列,列举与之密切相关的各种主要的企业内部的优势与劣势,以及企业外部所面对的机会和威胁等因素,将它们相互匹配并予以分析,从中得出关于项目实施决策方面的结论。运用 SWOT 分析法进行企业的立项管理,可以有效地促进企业内部的沟通和决策,在项目实施前充分地评估实施过程分析技术的风险,并做好合理的规避措施。项目 SWOT 表单示例见表 4-2。

表 4-2　项目 SWOT 表单示例

优势(S)	劣势(W)
① 具有完整的原料药＋制剂的配套产业链基础,支持了可持续发展。 ② 某基地研发中心即将落成,将为新产品或二次开发提供更多机会。 ③ 获中华人民共和国工业和信息化部绿色集成项目批复立项,可为高质量、绿色化新工艺实施获得政府资金支持提供助力。 ④ 某基地搭建 MES、LIMS 系统,具备计算机和系统管理经验。 ⑤ 拟使用 PAT 优化工艺的某片、某肠溶片、某胶囊附加值高,市场份额高,销售额过亿。 ⑥ 通过风险评估确定的监测点(水分、混合均匀度、粒度)均有成功实施的先例,相关 PAT 有合适的供应商可供选择	① 某一片剂原料药存在多晶型,原料药尚不能单包装检测晶型,有专利侵权风险。 ② 一致性评价项目周期较长。 ③ PAT 项目实施经费较多
机会(O)	威胁(T)
① 某基地产品转移或委托生产,将释放产能和优化综合成本。 ② 某车间有预留空间,可用于新生产线的改造以提高生产效率、自动化水平,并加强过程管控。 ③ 某片、某肠溶片、某胶囊工艺拟工艺变更,申报一致性评价,为工艺进一步研发优化提供了机会。 ④ 实施 PAT 后,中间体有望缩短检测时间从而及时放行,从而实现持续加工甚至自动化生产线。 ⑤ 通过工艺优化,某片可密闭化生产与过程监测,提高员工的职业健康控制水平	① 外购原料因政府提高环保要求,存在停产风险。 ② 政府监管日趋严厉

通过相关因素的分析,企业制订的项目 SWOT 策略表示例见表 4-3。

表 4-3　项目 SWOT 策略表示例

项　目	优势(S)	劣势(W)
机会(O)	SO 战略——增长性战略 ① 实施 PAT 项目,优化某片、某肠溶片、某胶囊工艺,对关键的中间体属性水分、混合均匀度、粒度实现实时监测,并完成一致性评价工艺申报。	WO 战略——扭转型战略 ① 通过 PAT,实现某原料晶型的单包装入料监测。 ② 申请政府补助

续　表

项　目	优势(S)	劣势(W)
机会(O)	② 设计某车间改造的方案,搭配 PAT 监测技术,实现某片持续加工、自动化生产的产线设计,并予以申报	
威胁(T)	ST 战略——多种经营战略 ① 通过 PAT 加强产品质量的监测,提供法规的依从性。 ② 进行某片 ANDA 申报	WT 战略——防御型战略 ① 进行原料供应商变更的研究,降低对某一供应商的依赖。 ② 完善企业的质量体系,以符合 ANDA 申报要求

　　企业可根据工艺验证、工艺回顾的内容及数据,通过风险评估和 SPC 工具评估工艺的可控性、一致性及稳定性,重点考量对患者使用风险较大的质量指标(比如治愈率/死亡率、患者生活质量、健康恢复程度、不良反应等,参考第 8 章"风险管理"相关内容)。表 4-4 显示的是以固体制剂为例,在实施过程分析技术项目时通常考虑的评价指标。

表 4-4　固体制剂常见评价指标

工 艺 步 骤	PAT 范畴内适用的评价指标
配料	鉴别
粉碎	粒径
预混合	水分,含量
制粒	水分
干燥	水分,粒径,干燥速度和终点
小丸包衣	水分
总混	含量均匀度和终点,水分,粒径
压片	粒径(判断下料是否分层),含量
胶囊填充	粒径(判断下料是否分层)
包衣	包衣厚度
包装	内包装的完整性

4.3 技术的选择

目前,固体制剂普遍采用的过程分析技术包括光谱技术[如红外光谱(IR)、近红外光谱、拉曼光谱、紫外-可见分光光谱、X射线荧光光谱、激光诱导荧光(LIF)等]、光学成像技术[如聚焦光束反射测量技术、激光衍射]、动态光散射、气相色谱(GC)、质谱(MS)、核磁共振(NMR)等。表4-5推荐了在相应的单元操作上,建议采用的过程分析技术。

表4-5　固体制剂建议采用的过程分析技术

应 用 范 围	建议采用的过程分析技术
原辅料鉴别	近红外光谱、红外光谱、拉曼光谱
溶液制备	近红外光谱、紫外光谱、在线浊度仪
制粒	粒径：聚焦光束反射测量技术、激光衍射 水分：近红外光谱
碾压和集成粉碎(颗粒尺寸)	粒径：聚焦光束反射测量技术
干燥流化床	水分：近红外光谱
干燥机监测(废气)	近红外光谱
清洁	中红外光谱、紫外光谱、电导率、总有机碳
混合	均匀度：近红外光谱
压片	近红外光谱
包衣	近红外光谱；包衣厚度：拉曼光谱
包装	基于视觉等技术的产品或包装外观检测 包装完整性检测

不同技术有各自不同的特点,企业在设定项目的方案时,要对方法的专属性、重复性、再现性、稳定性、精密度等多项指标进行综合判断。如果是仅作为技术应用型的项目,技术人员需要把握是否已有文献资料证实拟研究的质量

指标已被成熟地进行过程分析监测,从而避免全新自主研发、自主建模开发算法的风险,并通过学习和利用已有技术降低企业研发成本。

(编写人员:冯玉贞、周一萌)

第 5 章 过程分析仪器和设备

　　【本章概要】　过程分析技术的核心是在线分析和化学计量学方法。20 世纪90 年代,这门交叉性极强的学科基于光谱、光学传感、算法模型等技术手段,广泛应用于诸如化工、石化和制药等流程工业之中,使其经济效益和社会效益显著提升,而过程分析仪器作为载体在过程分析技术中扮演着极为重要的角色。随着仪器科学的发展,各式各样的先进分析仪器在过程分析应用中发挥各自优势,并日益成熟。本章介绍了目前应用较为广泛的几类仪器的技术原理和特点,结合风险控制理念和片剂、硬胶囊剂的工艺特殊性,着重探讨了取样方式、数据采集分析、仪器应用、计算机化系统对接、仪器的维护清洁等内容,并提供了部分案例供读者参考。

　　从分析控制(analysis control,AC)到过程分析控制(process analysis control,PAC),再到过程分析技术(PAT),包含了分析科学从思维到方法的传承与发展,是分析科学发展的一个重要分支。过程分析技术强化了分析时效性和稳健性的要求,如果说传统分析的目标和任务是认识世界,过程分析技术的作用则在于理解和掌握生产中的连续变化。

　　过程分析仪器是过程分析技术应用中非常重要的工具、手段。从仪器的角度看,过程分析的基本要求与仪器分析是一致的,涵盖了选择性、确定性和可检出性等方面。此外,过程分析还更强调时效性、稳健性,同时面向过程对象,取样代表性也必须得到充分保障。

　　仪器科学的发展为过程分析技术提供了较充分的选择,感知体系的光、电、声、磁响应的各类仪器,在各种过程分析应用中正在发挥各自优势,逐渐步向成熟。其中,光信号由于具有快速响应的特性、灵活的取样方式和丰富的信号响应,成为目前过程分析仪器选型和应用的主要选择。

5.1　过程分析的取样方式

制药或者制剂过程涉及的物料形态可为液态、固态或者为粉状，传统分析取样强调取样的均匀性和代表性，取样方式适合与否直接关系到测量和项目实施的成败，然而这对过程分析技术而言是很大的挑战。均匀的液态是最理想的样品形态，也是传统分析样品预处理期望的目标，但是对于过程分析样本，繁杂的样品预处理程序并非易事，必须从方法和仪器设计上，对样本形态复杂性给予充分的容忍和考量。

按照样本与感知点的物理位置接触与否通常将取样方式分为嵌入式和非嵌入式。习惯上认为，通常需要接触被分析对象来获取分析结果，例如电分析方法，如果触点不触及被分析对象，就无法获取相应信息。很多时候过程分析的在线或线内操作会选用嵌入式测量，嵌入式测量需要将探头或传感装置探入或深入被分析的基质中。有多种嵌入操作方式，对于均匀的基质，直接探头嵌入是最直接的；对于复杂的基质，可以采用旁路分流结合简单的预处理手段实现测量。

嵌入式测量的优点是直接，便于理解和追溯，较容易沿用既有的分析方法和策略，可能还具有较低的安装和使用成本。但其缺点也比较明显，首先是无法直接用于测量组成和流动不均匀的基质；其次是取样代表性问题，分布式多点采样可能有较高的安装和操作成本，传统测量需要遵循的取样方案在连续测量时往往难以实施；再者样本对数据采集装置的附着和污染，也会给连续操作带来很大麻烦。因此在过程分析技术实施过程中，嵌入式测量并不是一种理想方式。

与嵌入式测量不同，非嵌入式测量不需要测量装置与被测基质有界面接触，这对于基于光、声、磁传感原理的测量不难满足。在新的过程分析方法和实施中，虽然非嵌入式测量与传统分析方法存在差异，但应该得到重视和考量。非嵌入式测量具有很多显著的优点。

（1）无须接触，使得测量装置与被测基质的相互影响大大降低，解决了操作中的污染、表面附着、机械磨损等问题。

（2）不与物料接触，可以提供更广阔的测量空间，灵活性相对增加。

(3) 不会产生物料的耗损,不干扰过程运行,有助于保证操作和物料本身的安全性。

(4) 对于非均匀的粉体或固体,非嵌入式测量容易获得更大的测量面积,测量的结果更具有代表性。

但是,非嵌入式测量还有很多自身限制和技术阻碍需要突破和克服。以光谱分析为例,以朗伯-比尔定律为代表的定量关系,即物质含量与响应强度呈一定线性关系,在进行非嵌入式测量时,由于往往会受到光路距离、采光范围、样本性质和环境等多重影响,导致线性响应关系被破坏,使得检测结果出现较大误差,甚至失效,因此需要引入和完善新的数据采集和处理方法。此外,虽然非嵌入式测量能够增加检测的灵活性,但测量的随意性也随之增加,与嵌入式测量相比,非嵌入式测量样本基质和信号传递的随机性大,各种干扰出现的概率也必然上升。光谱的非嵌入式测量带来的另一个挑战就是数据量的显著增多,数据量的增多不仅是数量上的,也可以是维度上的,包括空间几何维度和时间维度,这契合了大数据时代的要求,但同时也给企业的数据处理能力提出了更高的要求。

对于过程分析技术中的光谱方法,根据光线与基质的照射和采集方式的不同,主要有以下几种方式:

(1) 透射和透反射:透射测量方式是光线从物体的一侧照入,在另一侧采集到光信号。透反射取样方式为另一侧采用镜面将照入的光线反射回去。吸收光谱采用了透射或透反射方式,除此之外散射光谱也可以采用此方式,如荧光光谱和拉曼光谱。另外,透射测量也不仅仅用于液体测量,气体、透光的粉体或者固体,也可以采用透射和透反射方式。为了避免光路由于折射产生偏移,照入和采集多采用同轴或者 90°设计。

(2) 反射和漫反射:光线或光柱从基质一侧照入,采集也在同一侧完成。主要用于不透明或光透过性不好的粉体或固体的表面或表层的测量,可以测量的光谱包括吸收光谱和发射光谱。反射测量时,照射光和采集光并不需要严格定义垂直光路,但是空白参比的设置,在整个测量过程中需要保持一致性。需要注意的是,表面光泽会对反射测量产生较大干扰,测量液体和有光泽的表面时需要采用偏光等辅助手段配合。

(3) 散射:散射光谱是近年来发展较快的技术,其中拉曼光谱比较突出。散射取样方式并不限制激发光的照射方式,因为散射光取向不明确,环境和激发光影响最小,可以考虑在散射相对集中的方向进行采集。散射光强度通常远小于激发光,应该更关注激发产生的散射光采集效率,如何有效采集是现实中的难点问题。

(4)表面全反射:对于高浓度液体的透射测量,或是液体、均匀粉体的放射测量,无法穿透过厚的透射量程,采用表面全反射是一种有效手段,表面全反射实际上是一种透射测量方式。

多样的取样方式是过程分析技术的特点,各种方式都有各自的适用范围和特点。非嵌入式取样方式是发展的趋势,也是发展中的取样方式的变革,对于过程分析的各类复杂任务具有更大的优势,但是在分析思维和方法的发展上,还需要进行大量探索和实践。

相比于传统分析,之所以在过程分析实施中强调采样方式,是因为关系到设计方案合理与否,也直接关系到项目实施的成败和后续维护等多方面问题。需要强调的是过程分析绝不仅仅是离线分析的简单移植,不合理的取样设置会带来取样不具备代表性、操作不具备可持续性、干扰正常生产操作、后续维护成本无法接受等诸多问题。

5.2 过程分析技术使用的仪器种类

5.2.1 紫外-可见分光光谱类仪器

紫外-可见分光光度法(UV-Vis)是重要的传统定量方法。UV-Vis的光谱波长范围通常为220~780 nm,低于220 nm的称为深紫外光,由于此时空气已经可以产生吸收,需要真空操作,因此该波长的紫外应用受限;当选择波长为280 nm的紫外光时,如采用光纤传导,需要注意光纤的选型。微小型阵列型光谱仪(光纤光谱仪)的出现,使得UV-Vis得到了新的发展。UV-Vis可用的物料形态很广泛,气体、液体、固体和粉体都可应用。液相和气相定量的基础依据朗伯-比尔定律,固体样品的反射测量依据Kubelka-Munk理论。在化学计量学的帮助下,已经可以直接应用于复杂体系中多种组分的同时测量。除了含量定量外,UV-Vis还可用于色度、浊度、纳米粒子和成膜厚度等的检测。UV-Vis的仪器按照感光器的不同可分为两类,即单点感光器件和阵列感光器件。

(1) 单点感光是较传统的仪器设计,即采用单色光照射样品,单点感光器件测量单色光强,过去一般认为其精度和准确度要优于阵列感光器件,其单色器可以设计得较为精密,而且感光器受杂散光的影响较小。但是其主要的缺点是单色器扫描分光,从而导致光谱采集测量时间比较长。

(2) 阵列感光是 20 世纪 70 年代以后逐渐成熟起来的仪器设计,主要得益于阵列感光器件的成熟。这类仪器的设计为后置分光,即采用复合光照射样品后再通过分光器分光,分光后的光谱照射到阵列感光器件,输出光谱序列值。这类仪器的主要优点是光谱检测时间很短,完整的光谱检测时间就是感光器的响应时间,目前仪器通常可以在毫秒范围内响应。更好的感光元件可实现更短的响应时间,因此是过程检测的主要选择。近年来,随着仪器设计和制造技术的提高,其精度和准确度与常规前置式分光仪器的差距已经不大。

阵列感光元件主要有电荷耦合器件(charge - coupled device,CCD)、光电二极管阵列(photo-diode array,PDA)和互补金属氧化物半导体(complementary metal oxide semiconductor,CMOS)。PDA 是最早采用的设计之一,优点是元件景深大,不容易饱和,可以适应更长的积分时间和更高的光强,但阵列点数受工艺限制,且通常都是线性阵列,目前使用场合逐渐减少。CCD 目前使用较多,能提供比 PDA 更高的灵敏度和更多功能,可以适应高低亮度(发射、荧光),在整个紫外-可见光区域暗噪声较低,灵敏度更强,可以通过采用背照式或镀膜方法消除紫外二级衍射。与 CCD 相比,CMOS 具有价格、能耗和速度上的优势,但是感光质量不如 CCD。随着工艺水平的提升和性能改善,CMOS 阵列近年来的使用正在增多。

UV - Vis 吸收的取样测量方式仍以透射形式为主,对于固体也可以采用反射吸收形式。在线透过测量可以采用光纤导光的流通池和嵌入式探头,少数情况下可以采用适合于仪器样品腔或特制的比色管,比如在进行药物溶出试验时,样品被泵入样品腔内的流通比色池中进行检测,对于大尺寸流通池,需要注意光路对准和光通量,而对于小体积或低流量短光程流通池,建议采用衰减全反射(attenuated total reflection,ATR)探头。对于有气泡和颗粒的困难环境,例如发酵罐,建议采用过滤式流通池。

基线漂移是 UV - Vis 测量可能出现的问题。其来源主要包括:一是样品中的气泡散射,波长越短,散射影响越大;二是颗粒导致的散射,过滤可消除大部分颗粒和气泡,如果颗粒无法避免,比如片剂溶出测定中的不溶性赋形剂,可以考虑采用 ATR 探头；三是采样装置的表面沉积，样品成膜附着在探头或流通池的光学表面上，必须采取措施清除探头或比色池上的膜累积，可以设计清洗装置，或者取出进行手工清洗；四是光纤和光纤探头的移动也会导致光谱记录中的基线漂移。需要注意的是测量的参比不可能一直不变，因而必须定期校准。

同时需要注意的还有杂散光和非线性响应。吸光度超出浓度线性范围和基线漂移，都会导致偏离朗伯-比尔定律；另外，如果光束不能完全聚焦，接收端无法采集所有的光，结果将产生负偏差。如果探头不能正确屏蔽环境光，杂散效应会干扰测量，出现非线性偏离，甚至导致负吸收。

UV-Vis 在过程分析技术中的相关应用也很多。在制药、食品饮料行业，许多产品具有很强的紫外或可见吸收特征，不用对特定的分析进行校正，如只需要观察罐体清洗过程信号峰随时间的衰减，就可以采用 UV-Vis 光纤光谱仪监测容器的清洗操作，以及通过类似的特征峰的变化监测间歇搅拌容器内的混合过程。在线紫外-可见分光光谱可用于监测液相反应、混合和流动过程，所有的紫外-可见活性成分的浓度都可以通过合适的嵌入式探头跟踪。如果采用嵌入式测量，探头在过程环境中，不能被腐蚀，也不能有催化或抑制性能。如果不能采用金属材料，可以考虑聚醚醚酮(PEEK)探头。溶出度实验是制药行业中关于所有片剂和缓释产品的强制分析步骤。近年来 UV-Vis 已经投入实际应用，其线性度、精密度、准确度、专属性和稳健性都取得较好结果。此外，紫外-可见分光光谱还可用于监控结晶过程中的"油洗出"现象(液-液分相)，实现非破坏性取样监控固体颗粒的干燥和混合程度。

5.2.2　近红外光谱类仪器

近红外(near infrared，NIR)光谱分析技术是在 PAT 领域报道和应用最多的技术。近红外光是介于可见光和中红外光之间的电磁波，美国材料与试验协会定义的近红外光谱区的波长范围为 780~2 526 nm，习惯上又将近红外区划分为近红外短波(780~1 100 nm)和近红外长波(1 100~2 526 nm)两个区域。NIR 光谱主要反映—CH、—NH、—OH 和其他含氢红外吸收基本频率组(1 600~4 000 cm^{-1})的倍频和合频吸收。

20 世纪 70 年代以来，随着近红外光谱分析技术的复苏和化学计量学的发展，NIR 光谱分析技术实现了从简单的水分含量到炼油过程烃组成和性能表征等的应用。NIR 光谱分析技术具有响应速度快、灵敏度高、长周期稳定等优势,已广泛应用于农业、石油和烟草等行业各生产过程的分析。在制药领域,近红外光谱可以反映样品的化学组成、结构信息和物理性能,在化学合成、晶型转换、生化工艺中也被广泛应用。需要特别指出的是,近红外光谱分析技术是目前药物分析中用途最广的振动光谱技术之一,常被用于化学原料鉴定、晶型鉴别、结晶相与非晶相识别、混合均匀性监测、湿法制粒监测、碾压监测、干燥终点判断、包衣终点监测、均匀性监测及片剂或胶囊剂的含量监测等。随着市场上逐渐出现各种各样的近红外光谱仪器,还有新的应用在不断涌现。

近红外光谱分析技术检测的制样方法简便,多数样品无须稀释,对于凝聚相态及厚实的样品可以采用短路径取样方式测量。大多数样品的近红外光谱吸收率低,容易进行散射(包括漫透射和漫反射)测量。漫反射光谱测量粉体的光束穿透深度在毫米级别,可以测量体积相对较大的材料,也不存在表面污染和样品不均匀性的问题。近红外光可以透过玻璃或石英介质,无须打开密封容器就可直接测定,避免对样品不必要的污染。近红外光可以通过光纤进行远距离传输,可将测量探头或流通池直接安装到生产装置的管线进行实时在线测量,或在苛刻环境及有毒材料的现场进行测量。

近红外光谱分析技术也存在一定的应用限制,主要包括:

(1) 光谱选择性不强,通常难以用特征峰表达相关信息,必须使用化学计量学技术处理相关信息,才能实现待测样品分析。

(2) 大多数近红外光谱是通过多变量统计完成结果预测的,只有被预测的样本处于具有统计意义的模型样本中,预测结果才有意义。由于准确、稳健、覆盖范围宽的模型需要取值范围宽而且尽可能均匀的样本,因此对样本量的需求较大,导致建模和模型更新成本往往难以预计。

(3) 近红外光谱响应较弱,不适合于低浓度的痕量分析,只适用于常规质量控制。

(4) 近红外光源普遍采用卤钨光源,其价格便宜,在合适的电流和灯丝温度下,使用寿命可以超过 5 年,但是前期建模和过程中的模型维护、校正产生的开销巨大。

(5) 虽然近红外光谱检测器常用的硫化铅(PbS)和硒化铅(PbSe)灵敏度高且便宜,但是其线性、饱和度和响应速度有局限。因此,目前多采用铟镓砷(InGaAs)等光电二极管器件作为检测器来克服铅盐检测器的缺点。InGaAs

半导体合金可以通过改变合金成分调谐成不同截止波长以对应不同应用,截止波长在1 700 nm以下,室温下也能有很高的灵敏度,截止波长可以调整到2 600 nm,但是需要采用半导体制冷来保证性能。

根据分光系统,可将近红外光谱类仪器分为带通滤波片、扫描光栅、固定全息光栅、声光可调谐滤波器(acousto-optic tunable filter,AOTF)、傅里叶变换近红外光谱仪(Fourier transform near-infrared spectrometer,FT－NIR)、微电机系统(micro-electro-mechanical system,MEMS)等类型。带通滤波片的精度低,通常不被光谱测量采用,多用于多光谱成像遥感等,在农业、资源普查领域发挥作用。扫描光栅是传统的NIR光谱类仪器构造,优点是信噪比高,但全谱测量时间长,存在机械驱动,使得其在过程分析技术中的应用受到限制。阵列检测器结合全息光栅分光是过程分析应用得最多的构造,其优点是在很短的检测时间内就能获得连续的全光谱,信噪比也比较好。这类构造的缺点包括杂散光及光栅效率等。

在近红外光谱建模中有一个不容忽视的缺点,即仪器的台间差异和波长准确性问题,由于光路和器件固定,仪器只能后期校准,因此,仪器制造水平对这类构造仪器的台间差异影响很大,很有可能影响建模和模型传递。

声光可调谐滤波器是可调谐滤波器,其分光通过电位控制完成,不依靠机械运动,不需要入射狭缝。其具有采光效率高、采集时间短及光谱质量好等优点,但目前成本还较高,限制了它的进一步应用。需要注意的是由于温度控制等因素,AOTF存在波长重现性问题。

傅里叶变换近红外光谱仪是过程分析技术中应用较多的另一类构造仪器,信号通过楔形干涉器调制解调完成光谱测试,是中红外分光的一种主流形式,也可用于近红外光谱。FT－NIR典型的优势在于良好的波长准确性,而且其光通量大,不受杂散光的影响,非常利于多变量建模及模型的维护和迁移。缺点在于测量时间稍长,通常需要几秒才能完成测试,而且当分辨率要求越高时,所需测量的时间也会越长。另外,由于FT－NIR存在机械部件,因此在恶劣的现场条件下的安装会受到限制。

微电机系统是一种新发展的近红外分光设备,其原理是使光通过色散分光以后照射到微电机系统编码盘,再通过编码反射至检测器完成测量。采用微电机系统的芯片光谱仪的主要优势在于紧凑、易于集成,但在光通量和光谱质量上有待提升。

5.2.3　拉曼光谱类仪器

拉曼光谱分析技术是一种无损的光散射分析技术。拉曼光谱是基于光和材料的相互作用而产生的，是入射光和被照射的目标分子之间能量转移的非弹性散射。当激光光源的高强度入射光被分子散射时，大多数散射光与入射光具有相同的波长，这种散射称为瑞利散射。然而，还有极小一部分（大约 $1/10^9$）散射光的波长与入射光不同，这部分散射光称为拉曼散射。拉曼光谱与中红外光谱一样，均通过探测分子的振动能级进行检测，但两者所采用的方式不同，拉曼光谱仪记录的是发出的光子数量，而中红外光谱仪测量的是波长范围内分子振动对入射光的吸收。

拉曼光谱可以提供样品的化学结构、相、形态、结晶度及分子相互作用等详细信息，并实现复杂混合物中多个组分的同时定量。2015 年版《中国药典》四部的"0421 拉曼光谱法"提出，拉曼光谱可用于定性分析和定量分析，具有快速、准确、无损、无须前处理等优点，在《中国药典》二部通则导引图中将"0421 拉曼光谱法"列为鉴别方法，可用于原料药、制剂、药用辅料的鉴别。2020 年版《中国药典》四部的"0421 拉曼光谱法"中又对其应用进行了进一步补充，提出"拉曼光谱能够单机、联机、现场或在线用于过程分析，当使用长距离光纤，适用于远距离检测"，以及"拉曼光谱既适合于化学鉴别、结构分析和固体性质如晶型转变的快速和非破坏性检测，也能够用于假药检测和质量控制"。

拉曼光谱分析的样品可以是固体、液体或气体，以及多种形态的混合物，例如浆状物质、凝胶体或含有固体颗粒的气体。样品可以是透明或不透明、高黏稠或悬浮物很多的液体。通过激光波长、激光功率和光学器件的选择，拉曼光谱可以实现微观到宏观的检测，样本尺寸的下限由光衍射极限确定，大约为几立方微米，上限一般按照实际情况控制，需要确保有足够的激光功率密度打到样品上。拉曼光谱分析技术适合于双键或三键、同分异构体、含硫组分和对称组分等。拉曼光谱分析技术测试很少，甚至无须样品制备，由于水和极性溶剂的拉曼光谱通常很弱，因此往往可以对含水体系和极性溶剂中的样品进行直接测量，这对于过程监测和控制来说是一项显著优势。一般情况下，在拉曼光谱监测过程中样品不会被破坏或改变，然而对于某些材料，如黑色及荧光样品在激光照射下可能发生燃烧分解或产生荧光干扰的现象。

拉曼光谱可以通过接触或非接触方式对样品进行检测。接触或者嵌入式探头可以直接放置于反应体系中,光纤探头由如蓝宝石、石英或玻璃窗口保护,物料仅与窗口接触。目前的探头设计已能很好地满足包括高温、低温、高压、低压、强碱强酸性、黏性、泥浆或浸没等几乎苛刻的化学条件或环境需求。需要注意的是,对于可能在窗口堆积的物料,如粉尘、粉末或聚合物,会引起信号衰减,因此除非必要,设计时应该优先考虑非接触式探头。普通探头式采光无须与样本接触,可通过调节聚焦长度对透明玻璃、塑料瓶、塑料袋、泡罩包装或安瓿中的样品进行直接测量。对于不透明容器中的样品,可采用广域照射(wide area illumination,WAI)、空间偏移拉曼光谱技术(spatially offset Raman spectroscopy,SORS)或透射拉曼系统等进行检测。

拉曼光谱具有尖锐和容易辨识的谱带,可方便快速地采集 $50\sim4\,000\ cm^{-1}$ 区间内的光谱,谱带与官能团的归属解释简易。对于定量分析,通常单变量校正模型就能胜任,对于强响应或者共振增强的检测限可达 100 ppm(1 ppm 为百万分之一)。对于低浓度体系可以采用信号增强技术,如表面增强拉曼光谱(surface-enhanced Raman spectroscopy,SERS)、改变激光波长激活共振拉曼光谱(resonance Raman spectroscopy,RRS),或者将两者组合的表面增强共振拉曼散射(surface-enhanced resonance Raman scattering,SERRS)光谱。

拉曼光谱分析技术速度快、化学数据详细,常见的反应监测包括确保正确使用原料、监测目标产物反应进程、检测中间体及副产物生成、协助分析反应机制和组成的关系、优化生产条件、确保高品质的产品。

拉曼光谱分析技术虽优势明显,但也存在其自身的局限性和缺点。拉曼光谱中的荧光是最大且最常见的挑战。荧光问题不可预计,很多非常轻微的污染,往往也会在通常认为没有荧光的样本中发生。缓解荧光背景问题的常见方法是使用更长的激光波长和将多个短时间的采集累加,如果能找到荧光源,也可通过样品处理降低甚至避免荧光干扰。

在确定的实验条件下,拉曼散射光子数量与被分析物的浓度成正比,可以采用峰高定量测量。但是散射光受环境因素影响很大,被分析物的浓度-折射率关系、微粒散射和背景光等,都会给光强带来严重影响,需要通过乘性散射校正后才能保证基本定量关系,这也是拉曼光谱定量的一个难点问题。

拉曼光谱非常敏感,对于化学环境的局部微小变化都可以在谱带的形状和位置上表现出来,这对解决挑战性的化学问题很有帮助,但同时也对仪器的稳定性提出了更高要求,可以采用体系中稳定的峰,如溶剂峰或常见官能团的峰为标准进行校正或适当降低分辨率的方法来提高系统稳定性。拉曼光谱的稳定性也是影响其推广应用的重要原因之一,在可行性论证时应予以足够重视。

拉曼光谱的敏感性与检测环境中物质的浓度和性质有关,但也使得校正模型的开发和解释变得高度复杂,不仅要考虑物理参数,如流量、湍流、颗粒物、温度、压力、晶体的大小和形状,也要考虑是否存在副产物和可能的污染物及其浓度。拉曼谱带强度受温度的影响,但温度对高低频率谱带的影响不均匀,如果在不同温度下校正和检测样品会使定量结果有所偏差。此外,拉曼光谱对受温度影响的氢键的变化也非常敏感,因此必须在建模和应用中考虑温度因素。拉曼光谱虽然对检测环境的变化非常敏感,但是对于检测限的灵敏度并不高,除了某些共振增强材料、非常强的散射体或采用增强技术外,一般的检测限仅为千分之一,因此不适合微小浓度变化的检测,这也是阻碍该技术使用的原因之一。

拉曼光谱仪构造简单,通常包括一个作为单色光源的激光器、一个样品和仪器之间的接口(探头)、一个用于除去瑞利散射的陷波滤光片、一个按波长分离拉曼散射光的分光器、一个检测器和一个用于输出分析结果的通信系统。在选择拉曼光谱仪时,主要从激光波长、光通量、效率、光谱范围、分辨率、仪器的稳定性和稳健性、仪器尺寸等方面考虑。

其中,激光波长的选择至关重要。拉曼信号强度与激光波长的四次方成反比,这表示波长越长,信号的效率和灵敏度越低,因此采用最短的激光波长,可以最大限度地提高用于检测的拉曼光子数。然而,与此矛盾的是荧光干扰在波长越短时,干扰越严重,因此在可行性研究时,要根据具体分析对象加以权衡。当激光波长落于样品的电子吸收带时,会产生共振拉曼光谱(RRS)现象,即拉曼信号得到显著增强,这能较大增加灵敏度和提高检测限,但不是光谱中所有的振动谱带都有同样的增强,只有发色团的谱带得到增强,因此当被测组分在一个以上时,这可能反而是缺点。为了在生产过程中减少信号采集时间,应在允许范围内尽可能选用高激光功率。目前已有一些稳健的算法和程序可改善信号的稳定性,因此在开展可行性论证时,可以选择软硬件结合的方式平衡结果稳定性和成本。在激光使用方面,优先考虑的因素是安全性。必须制订标准操作流程;在仪器设计时,必须有激光和光纤的开锁、确认、自锁装置及程序,防止意外的激光暴露;激光束射出时,必须随时佩戴对应波长的安全眼镜;必须使用对应的安全警示标志和标签。

拉曼光谱仪的样品接口（探头）按照样品的体积，分为两大类型：一类为针对小体积样品的探头如聚焦式探头、支架探头、嵌入式探头及光学显微镜，另一类为针对大体积样品的探头，如广域照射探头、空间偏移探头和透射进样装置。主要针对小体积样品的聚焦式探头是目前商品化仪器的主流，其优点是造价便宜，使用灵活，可以满足大多数测量需求，缺点在于取样代表性差。目前，适于大体积样品的探头的技术门槛较高，国际上仅有几家企业提供相关产品，而且需要针对具体应用进行相应的改造设计。

拉曼光谱仪由于不需要接触样品，所以日常维护负担很小，主要是清洗取样窗口和光源检查。在正确安装和校正后，最常见的维护对象是激光光源和检测器快门，可以根据供应商提供的校准方法对激光的波长和强度进行周期性的校准，为了减少因光源故障对闭环控制系统造成的影响，还可安装备份光源，在主光源失效时自动切换至自动备用光源。软件模型方面，拉曼光谱所含信息量大于近红外光谱和紫外-可见分光光谱，因此有更好的模型确定性，后期维护成本会更低，但是需要注意仪器稳定性和光谱信噪比对建模的影响。

5.2.4　多光谱（成像）类仪器

光谱与物质组成的关联，加上快速和无须样品预处理的优势，使光谱技术在过程分析技术的应用中成为主流。在生产过程中，图像能够实时提供包括每个批次生产、磨损和包装过程等的直观信息。例如，干燥阶段图像亮度降低可以显示颗粒干燥程度，成像尺寸的变化可以实时评价流化床制粒情况。虽然普通的光学成像技术，即简单的 RGB 成像，也可作为过程分析工具应用于药品生产，然而普通的光学成像技术无法很好地满足过程分析对于数据采集效率、处理效率和结果可视化效果方面的要求。此外，药物生产要求对含量均一性，即一定平面或者空间内物质的分布情况进行检测。由于单点或者区域平均的取样方式无法迅速感知不均匀样本的分布情况，要解决这一问题，需要采用多光谱成像系统，即将在若干个窄波段获取的图像结合在一起，通过不同组分对波段的敏感性，识别被测样品的组分分布。依据选择波段的数量分别又称为多光谱成像（multispectral imaging，MSI）、高光谱成像（hyperspectral imaging，HSI）、超光谱成像（ultra-spectral imaging，USI），选取的波段数越多，识别得更精密，成本也更高。

光谱成像方式有两种，一种是扫描每个成像点的光谱，即以移动样品台和步进采集模式累积成图像,这在早期的高光谱研究中采用较多,但其缺点是效率低,在过程分析中不具实用性。另一种方式是通过调整波长选择器,使特定光波在焦平面阵列(focal plane array,FPA)上累积成像,这也是过程分析中通常采用的方式。

光谱成像检测器的选择依据 FPA 的响应波段,紫外-可见-短波近红外采用电荷耦合器件或者互补金属氧化物半导体阵列,更长的波长则采用锑化铟(InSb)、铟镓砷(InGaAs)或镉碲汞(MCT)检测器。多光谱的波长选择器可以直接采用带通滤波片,将滤波片放置到光轮上,轮转切换后成像,高光谱选用高效和经济型可调谐液晶滤波片。

一般的光谱分析主要包括光谱校正、光谱预处理、分类或模式识别、统计分析及可视化表达等步骤,在对光谱进行数据分析时不用考虑样本的空间位置,可以通过常用的统计方法对数据集进行简化,而光谱成像的数据是由两个空间维度和一个波长维度构成的三维数据块,即三维信息超立方体。在超立方体中可以根据化学组成成分将图像分离成特定领域,进而实现成分的可视化效果。光谱成像数据处理需要面对数据量挑战,如果将其运用于连续工艺的话更是如此,所含信息量极其巨大,不可能以人工方式处理,需要通过专业分析软件对超立方体内的信息进行挖掘和解释,才能实现模式识别和可视化的过程跟踪效果。

5.2.5　其他过程分析仪器

除了以上提到的仪器外,一些现有的技术也被广泛应用于过程分析中,如使用 X 射线对完整的吸塑包装中的产品或异物(如在干燥和铣削操作期间产生的污染)进行非破坏性监测,或将 X 射线作为断层摄像的光源来获得关于各个片剂内活性药物成分(API)分布的空间信息;也可使用太赫兹光谱仪和激光诱导击穿光谱(laser induced breakdown spectroscopy,LIBS)测量包衣厚度与均匀度。

虽然近红外光谱和其他传统光谱学过程分析技术已经广泛用于固体制剂生产的过程检测与控制,然而由于这些应用需要在低分析浓度、高检测精度、高灵敏度的情况下检测,而且当目标分析物自身具有荧光且空白样品基质中不存在或者仅存在很少相似光谱特性的发光干扰物时,这些技术就无法很好地满足过程分析和控制的要求,而激光诱导荧光(laser induced fluorescence,LIF)光谱能有效弥补传统技术的不足。激光诱导荧光光谱技术是一种非破坏性的过程分析工具,可以用来分析混合粉末的均匀性、搅拌的动力学及制剂中有效成分的含量。已知在两百种药物的主要活性成分中有 60% 具有荧光发光特性,因此激光诱导荧光光谱在制药行业中的应用潜力巨大。

5.3 数据采集和分析处理

过程分析与传统分析技术的显著差异在于数据采集和分析处理的方式,一是数据量显著增加,二是采集方式显著变化,三是分析处理方法从单变量回归发展至多变量统计。因此,要对过程分析的数据采集和分析处理的策略与方法进行相应的转变。

在单变量方法中,方法的可靠性通过约束和抑制其他变量来实现,对环境和方法本身要求较为苛刻,这在过程分析的应用环境中是不现实的。实际过程很少能满足单变量要求,或者因为成本过高而无法实施,多变量数据处理因此成为过程分析框架中的一个关键模块。

在进行过程分析数据采集时,需要注意的是不要随意舍弃数据。因为环境和测量体系的自由度大,如果基于有限的数据定义离群值并将这些数据舍弃很有可能会破坏多变量模型,使得模型在失真的结果上不断更新。另外,需要注意的是应对模型进行持续更新和校正。多变量模型的主体是基于统计方法,在建模当时的验证场景条件下都是准确的,但是随着时间变迁,诸如环境温度、光照、物料切换等都会导致场景变化,甚至超出模型范围,因此必须要对模型进行定期的结果校验。在模型应用的初始阶段,校验周期要比较短,等到模型成熟度提高后可适当延长校验周期,当原料批次、批号出现显著变化时,必须重新进行模型校验。在过程分析数据采集时应该尽可能保证数据的真实性,恶意篡改数据的行为是严令禁止的。有些无意的操作也可能导致真实性破坏,比如在仪器结果输出时,对数据进行不必要的修饰和不合理的滤波降噪等。此外,一些未经过论证的数据调整,如基线扣除或者为了降低数据量进行的简单加和等情况都应避免。需要再次强调的是,数据的调整、归纳、分析等工作归属于信息挖掘和处理等后续单元,任何越俎代庖的操作都属于数据污染,破坏真实性的行为。

由于成本原因,不同的过程分析仪器可能存在非常大的差异,必须做好仪器之间的调整。对于生产线上并行的同样的仪器,除非在安装调试时进行过严格的一致性调整,不能想当然地套用完全相同的模型。

　　如果在开始实施时没有做好数据结构设计,过程分析产生的海量数据会给后续的存储和追溯带来很多不便,因此,应在实施过程分析技术项目之前,就尽可能考虑细致周详,避免走回头路。

5.4　过程分析技术在固体制剂中的应用

5.4.1　过程分析技术的应用

　　目前在制药行业,过程分析技术已广泛用于原料进货验收时的质量鉴别、原料投放前的质量分析,以及固体制剂生产中的混合、干燥、压片、包衣等过程的在线检测及终产品原位非破坏性分析。另外,过程分析技术还被用于原料化学反应过程的在线检测,以及生物发酵反应中各种营养成分和发酵产物变化的监测。图 5-1 以固体制剂生产过程为例,说明近红外光谱分析技术在各环节质量控制中的作用。

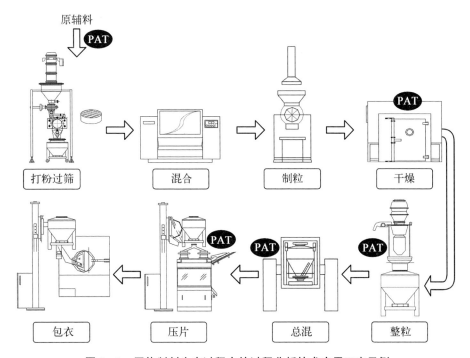

图 5-1　固体制剂生产过程中的过程分析技术应用工序示例

5.4.2　原料鉴定

1. 原料质量鉴别

原料是一切工业生产的起点,原料质量鉴定是过程分析和控制的源头,光谱技术用于原料质量鉴定是过程分析技术在生产过程前端的应用。在制药行业中,各种原料如药物活性成分、添加剂、赋形剂等通常需要在入库前进行各项指标的检验,以确保合格。原料检测的项目除化学组成、纯度等化学性质外,还包含一些物理指标,如颗粒大小、晶型、密度等。传统的原料鉴定方法是随机抽样到实验室后使用化学和物理方法进行检测,一个样品的检测往往需要用到红外光谱仪、色谱仪、滴定仪等多种仪器,检测报告需要几小时甚至1天才能得到。光谱技术的应用使得原料检验工作可以直接在仓库或卸货现场进行,甚至不需打开样品内包装,分析时间只需几秒。采用光谱技术进行原料鉴定的主要优点包括能对原料快速、准确地进行在线识别;能使用光谱数据来表征原料,并预测其在过程中的性能。

近红外光谱和拉曼光谱已被用于制药行业的实验室原料鉴定。近红外光谱可被用于样品的鉴定和确认。鉴定主要基于原料的化学特性,确认检测样品是否满足湿度、固态形式颗粒大小、残留溶剂和其他化学、物理性能。通常通过将样品的近红外光谱与参考数据库的样品的近红外光谱进行比较来进行识别或确认。由于近红外谱区光谱的重叠性和不连续性,物质的近红外光谱吸收较弱,因此,通常将近红外光谱的数学、化学计量转换量与参考数据中类似的转化光谱相比较来进行近红外识别。可用于物料识别的算法有许多,包括相关法、波长空间中的距离等。利用近红外光谱数据库的主要优点是测试速度快、无破坏性。此外,由于近红外光谱包含与物料的物理属性相关的信息,所以可被用于确保样品满足相关化学和物理要求。

拉曼光谱是一种简单、智能、高效、灵敏地研究分子结构的重要工具,不仅在药物研究领域得到认可,在医药工业领域也得到了广泛应用。现行的主要药典已接受拉曼光谱仪在化学物质鉴定中的应用。在某些情况下,其也可被用于对某一类型的物理鉴定,如区分不同的固态形式。拉曼光谱具有高度特异性,在识别数据库开发中不需要参考光谱,可将光谱数据与现有光谱库进行比较,也可采用与在近红外光谱中使用的判别分析法类似的方法进行处理。从采样的角度来看,拉曼光谱仪不需要样品制备,且一毫克的原料就可以获取到有效的拉曼光谱,这些属性使拉曼光谱分析技术成为一种非常适合用于鉴定化合物的技术。

2. 原料晶型鉴定

多晶型现象在固态药物中广泛存在。药物的不同晶型存在内在结构的差异,可能具有不同的理化性质,如溶解度、溶出速率等,影响药物的生物利用度。不同晶型还可能具有不同的机械性能,如流动性、可压缩性等,影响药物的研发和生产。在一定的温度和压力下,只有一种晶型在热力学上是稳定的,其他晶型均为亚稳态,会随时间演变为稳态。目前通常采用X射线衍射、红外光谱、固态核磁共振或拉曼光谱对多晶型进行鉴别、表征和测定。

不同晶型药物分子中的某些化学键键长、键角会有所不同,致使其振动-转动跃迁能级不同,与其相应的红外光谱的某些主要特征(如吸收带频率、峰形、峰位、峰强度等)也会出现差异,因此红外光谱可用于药物多晶型研究。近红外光谱法能够快速可重复记录光谱,不需要预处理或者以任何方式改变样本,从而避免了样品处理过程对晶型的影响。由于涉及的光谱一般差异都很显著,往往采用相关系数便可作为鉴别准则。

拉曼光谱是一种无损的分析技术,可以提供样品化学结构、相和形态、结晶度及分子相互作用的详细信息。当与拉曼成像系统相结合时,可以基于样品的多条拉曼光谱进行拉曼成像。这些成像可以用于展示不同的化学成分、相与形态及结晶度的分布。由于拉曼光谱谱带的强度与待测物浓度的关系遵守朗伯-比尔定律,因此可以通过光谱校正得到浓度的分布,为药物晶型定量分析提供可行方法。此外,红外光谱源于分子偶极矩变化,拉曼光谱则由分子极化率变化产生,红外吸收弱的峰在拉曼光谱中很强,可以在晶型检测方面与红外光谱形成有力互补。鉴于这些独特的优势,拉曼光谱在药物晶型的研究中日益受到广泛关注和应用。

5.4.3 混合

混合是影响药品质量的关键单元操作之一。据制药行业(固体制剂)最新的市场研究报告显示,相当一部分的制药专家认为混合过程的不均一是影响药品质量的首要因素,若混合过程未达到规定的均匀性水平,药物质量就得不到保证。

混合的目的是保证药物活性成分和其他各种添加剂的均匀分布,最终保证产品含量的一致性。混合不完全或"过混合"都会使得产品含量不均匀,导致成批产品不合格。此操作单元在粉末直接压片和粉末直接装胶囊的技术工艺中显得尤为重要。传统的避免混合不均匀的方法是在混合过程中按经验值定时进行取样检测,确定混合终点的方法是在完全停止混合操作后进行取样检测,这些方法耗时长、效率低,人工取样的重复性和代表性难以保证,此外,还无法避免取样的暴露风险。应用近红外光谱和拉曼光谱则能很好地解决这些问题。安装在生产线中的近红外光谱仪可以通过近红外光谱和化学计量学多变量统计模型分析获得不同时间下混合物的具体信息及生产过程工艺参数。根据光谱仪的位置,可进行连续测定或间歇式测定。直接安装在混料机上的光谱仪随混料机一起转动,通过蓝宝石视窗对混料的均匀度进行在线实时的检测分析。分析结果以趋势图和数据表的形式直观、简明地反映物料的混合均匀度情况。除混合均匀性数据外,还建立了颗粒大小、密度、水分含量或片剂硬度等物理信息与混合过程中获得的近红外光谱的对应关系。由于测定和分析是实时完成的,因此可实时确定混合终点,降低生产过程中后续步骤产生的含量不均匀的风险。

5.4.4 制粒

制粒过程可增加药物的流动性和可压缩性,以保证药物含量均匀。研究制粒机的制粒过程有助于控制生产工艺,降低批量生产中的差错,提高技术转移成功率,保障大规模化生产。

干法制粒是指通过碾压来压实,然后通过重力研磨、筛选得到适当粒度分布的过程。混合物在压实的过程中被不断压缩,直至结合成一个固体带。固体带的关键属性包括原料药均匀性、固相率、孔隙率,润滑剂均匀性和拉伸强度。在碾压机中压实的物料经研磨后形成用于随后的单元操作(混合、压缩等)的颗粒。典型的颗粒属性包括原料药的均匀性、粒度分布、密度和流动性。可使用近红外光谱仪实时在线监测原料药和润滑剂分布的均匀性,并通过跟踪光谱基线的变化来监测密度变化。

湿法制粒是在药物粉末中加入黏合剂,靠黏合剂的桥架或黏结作用使粉末聚结在一起而制备颗粒的方法。湿法制粒不仅具有增大粒径、改善粒子形状(制成近似于球状的颗粒)的优点,还可改善颗粒的亲水性,以更好地崩解和溶解。湿法制粒有多种形式,包括流化床和高/低剪切制粒法。最常见的湿法制粒是在水性黏合剂的作用下进行高剪切混合,然后进行流化床干燥。近红外光谱仪可以通过在线连续分析湿法制粒工艺的操作过程,通过流化床侧壁的观察窗口实时采集制粒过程中颗粒的近红外光谱,以实验室标准方法得到颗粒相关性质的测量值,采用偏最小二乘法建立回归模型,从而在线监测含水量、粒度分布及颗粒松密度的实时变化。

以往制粒过程中检测药物含量最常用的方法为高效液相色谱法和紫外-可见吸收光谱法,但无法通过这些方法获得过程工艺参数的相关信息。为了弥补这些不足,诸如声发射、聚焦光束反射测量仪(FBRM)和近红外光谱等技术已被逐步应用于制粒过程,企业可以结合自身的工艺和产品选择合适的过程分析方法。

5.4.5 流化床干燥

干燥是固体制剂生产过程中最普遍的单元操作之一,普遍采用湿化学方法在干燥终点对物料进行检测以判断是否达到要求。传统干燥过程主要基于实践经验来控制,即在给定条件下干燥固定时间或直至排气温度达到预定温度时抽取制粒样品,使用离线重力仪或其他仪器对样品水分进行测试。如果水分含量在所需范围内,干燥过程被终止,否则继续干燥直至达到所需的水分含量。与传统的分析方法相比,目前近红外光谱法是一种更符合GMP的过程检测方法,有许多研究已经表明近红外光谱可通过实时水分监测更有效地控制干燥过程。在使用近红外光谱监测水分时,应根据干燥过程、实验室采集的光谱数据创建校准模型,并将其与来自干燥失重法的湿度数据相关联,在达到所需的水分含量时及时终止干燥过程。由于近红外光谱对于颗粒的物理性质(如粒度和密度)和化学性质(如组成和固态形式)的变化比较敏感,因此在建立校准模型时,需要从不同批次和操作中抽取样品。目前多通道近红外光谱分析仪能够同步监测流化床干燥器各个部位中的物料的湿度变化情况,安装在观察窗口的光纤探头通过与分布式控制系统集成,能够实现流化床干燥器的全自动控制。此外,还能采用在线颗粒成像技术,通过测量颗粒增长的过程控制,对实时图像数据进行图像分析,得到精确的制粒终点控制。

在选择应用于干燥的光谱仪时应考虑包括光谱分辨率、光谱波长范围、数据采集速度、仪器稳健性、软件及供应商的经验和支持等因素。正确安装光谱仪对于成功使用近红外光谱仪来监测干燥过程至关重要。底座的安装位置应保证有足够的物料获得检测,安装支架应确保仪器可以连续稳定运行。此外,过程控制和数据管理系统需密切结合,以便上传校准模型,并处理运行期间生成的大量光谱数据。

5.4.6 压片

片剂的主要产品质量属性为含量均匀性、硬度、片重和溶出特性。压片过程可监测参数多,过程分析技术可量化压片过程,为其提供智能化监测手段。目前,近红外光谱分析技术已被用于预测片剂的药物含量、硬度和溶出特性,但是由于应用近红外光谱分析技术需要构建偏最小二乘回归法模型,开发大量的化学计量学方法,加之需对现有压片设备进行改造,因此具有一定挑战性。

5.4.7 包衣

包衣的厚度影响片剂的释放度,严格控制包衣过程工艺参数,才能保证包衣效果。近红外光谱、激光诱导击穿光谱和太赫兹脉冲图像映射技术已在包衣机的在线检测中使用,以提供关于包衣过程的有价值的信息。Avalle 等已在中试生产中,以自动显微镜作为参考方法,采用近红外光谱结合化学计量学考查了涂层的质量、厚度和溶解性能之间的关系。

5.5 与相关计算机化系统对接

5.5.1 过程分析仪器的样品接口

1. 近红外光谱仪的样品接口

稳健的、可维护和可重复的过程样品取样接口对仪器的正常运行至关重要。

固体(粉末)的取样是极为困难的,但是也可找到令人满意的解决方案。典型的固体近红外光谱的过程分析应用是粉末干燥(水分或溶剂)和共混物含量均一性(终点)测定。虽然光纤耦合的漫反射探头测定相应的散射粉末试样的光通量要比简单的清澈液体透射测量的光通量小几个数量级,但仍处于FT-NIR 可用的功率输出范围,如果采用更灵敏的检测器可以有更好的效果,这样就可以使用更细的光纤束,采用多路复用的取样输出,也能降低一些长光纤的成本。对于固体物料测量的校正模型开发的主要困难是样本的代表性和均匀性。与液体物料不同,过程中粉末的输送和操作方式使得难以进行可重复的取样。粉末在管道中是向下流动的,无法为取样探头提供均匀的密度。

由于在干燥器或者搅拌机中的粉末会在探头上结块,或者探头周围是无法更新的样品,所以,在固体应用中,一定要考虑探头的位置和环境问题。做出恰当的决定还必须具有关于过程动态的相关知识。

2. 拉曼光谱仪的样品接口

拉曼光谱仪的样品接口有了很大变化。按照样品的体积,接口分为两大类型。针对小体积样品的探头包括更传统一些的非接触或支架探头、嵌入式探头、光学显微镜。大体积的取样途径更新一些,包括广域照射探头、空间偏移探头。非接触式方法一般都采用光纤,测量点和仪器之间的距离最大可达 100 m,用一条专用通道将激光送至样品,再用单独的通道将拉曼光谱信号返回到光谱仪。当激光通过光纤时,总会产生硅的拉曼散射。在激光到达样品前不除掉的话,将会掩盖掉任何分析信号。出于类似的原因,硅的拉曼散射也必须从返回的光纤中被阻挡掉。虽然实现方式有所不同,但所有使用光学元件的探头,必须有外壳或者保护罩。大多数探头使用一个 180° 的背散射配置,这里的 180° 指的是样品和拉曼散射光收集器件之间的角度;透射测量则采用 0° 配置。

5.5.2 过程分析仪器的信息化通信接口

为了利用分析仪所产生的数据,应将其传送到集中控制系统或主计算机,用于过程监控。供应商提供的配套的软件包可管理仪器控制,对光谱进行解释和预测,或将数据传送到其他软件包来得出预测结果。大多数供应商都支持各种最常用的通信协议。

5.6 仪器的维护与清洁

5.6.1 仪器的维护和校验

对制药设备进行维护和维修是减少故障、避免停机带来的损失,使设备在良好状态下运行,进而保证生产正常和产品质量稳定的手段。

仪器和校正模型要有较强的自检和故障检测能力,因为仪器、设备专家往往不能及时到现场来诊断问题。对系统模型进行重新校正或更新往往不可避免,高质量的维护计划可以减少相关的工作,确保项目取得长期成功。

5.6.2　仪器的清洁

仪器的清洁是一项日常性的工作,如在更换生产品种或更换同品种不同批号产品时,特别是安装或维修后都要进行清洁。这不仅是预防、减少和消除污染及交叉污染的重要措施,也利于提高设备使用效率及延长使用寿命。

制药企业应当按照详细规定的操作规程清洁设备。在设备清洁操作规程中,要详细地规定设备清洁的内容(如清洗、消毒、灭菌、干燥等),清洁的方法(如在线清洁、离线清洁或混合清洁),清洁所用的设备、容器、工具、清洁剂(含配制方法),以及设备清洁后的保存方法与最长保存时限(避免已清洁的设备在使用前受到污染)。要对清洁所用器具的材料、使用、清洁、干燥、存放等进行明确描述。如需对设备进行拆装,应当规定拆装的具体顺序和方法;如需对设备进行消毒或灭菌,还应当规定消毒灭菌剂的名称和配制方法,以及消毒或灭菌的具体方法。

（编写人员：于永爱、姚志湘、詹德坚、史　芸、柳　涛、徐　赜）

第6章 过程分析数据模型与决策

【本章概要】 本章主要介绍过程分析技术模型的建立,包括实时放行检测及控制策略,知识库的构建和历史数据的积累,持续数据采集、模型优化及更新,模型验证及模型转移时适用性的确认,以期为制药工业质量控制提供及时、准确的数据和决策支持,在稳定产品质量、优化生产工艺和节能降耗增效方面奠定良好基础。

6.1 实时放行检测及控制策略

6.1.1 实时放行检测简介

实时放行检测(real-time release testing,RTRT)最初缩写为"RTR",在2009年8月发布的ICHQ8(R2)中,被修订为"RTRT",定义与 ICH Q8(R1)中的"实时放行"一致,即"将被测量物料属性和工艺控制等的数据进行有效结合,据此评估和保证中间产品和/或最终成品质量的能力"。该指南认为,随着实时放行检测逐渐取代成品检测,在生产之时就能测量关键质量属性,质量控制将前移至上游。较之美国 FDA 之前的定义,ICH 指导委员会将关注点从放行某一批产品的决策转移至测量方法本身。

1. 实时放行检测、过程分析技术与过程检测

过程分析技术是以实时监测原材料、中间体和过程的关键质量和性能特征为手段建立起来的一种设计、分析和控制生产的技术,以确保最终产品的质量。过程分析技术是一个建立在充分理解过程基础上的框架体系,它通过对工艺过程中影响产品关键质量属性的物料参数的实时检测与分析,判断过程

的终点,减少时间和资金的消耗,保证最终产品的质量,达到实时放行检测的目的。

从行业的角度来看,相对于传统的在生产周期终端针对样本进行的放行检测,实时放行检测可以通过在生产过程中产生更多数据来改善工艺控制。过程分析工具能够利用实时放行检测数据,加强生产过程中的监测,提高对产品和工艺的理解,减少成品在实验室进行批检验所需要的时间和资源,实现非破坏性检测,从而提高生产效率和库存周转效率。从监管部门和消费者的角度看,实时、快速的分析和控制有望为提高产品质量提供一个更高的保证。

ICH Q8 Q&A 同样解答了过程检测与实时放行检测的关系,称"过程检测包括了原料药、成品生产过程中发生的任何检测,而实时放行检测是指那些通过评估关键质量属性、对批放行决定有直接影响的过程检测"。由该解释可知,二者属于包含与被包含的关系。

2. 实时放行检测、成品最终检测与批放行

批放行是通过审查检验结果、生产记录、GMP 和质量体系,对产品质量与预定标准符合性的独立审查,无论是采用实时放行检测还是成品最终检测,它都是将产品投向市场的最终决定。

成品最终检测只是针对某一批次产品中的特定样本量来进行具体的分析操作,检测结果已成既定事实,相比之下,实时放行检测就显得灵活性更高,二者如图 6-1、图 6-2 所示。

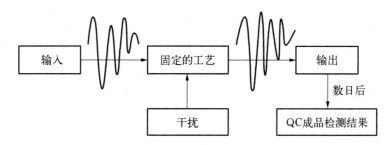

图 6-1 成品最终检测示意图

当然,实时放行检测并不意味着取消所有的成品最终检测,药品上市许可的申请人可以为某些特定属性提交实施实时放行检测的申请。如果所有的关键质量属性均可通过过程参数监控、物料的检测来保证,那么成品最终检测可

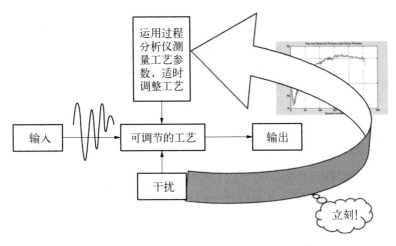

图6-2 RTRT示意图

以不视为批放行的必要条件。但是,部分监管部门仍然会要求成品最终检测,如稳定性研究或区域要求。

3. 实时放行检测与参数放行的关系

欧洲药品管理局(EMA)于2010年2月发布了关于实时放行检测的第三版指导草案,用于代替2001年9月起欧盟施行的参数放行指南。新草案的提出旨在更好地与ICH达成一致,并提出了将实时放行检测应用于活性物质、中间体及成品的纲要,强调了在满足应用、批准前检查及日常的GMP检查等方面要求时的特异性。ICH Q8 Q&A中指出,参数放行是基于工艺数据(如温度、压力、最终灭菌的时间、理化指标),而非针对一个特定属性进行样品检测,参数放行是实时放行检测的一种。

4. 实时放行检测的应用与控制策略

目前,实时放行检测尚未被全球所有的药品监管机构认可,制药企业仍处于模式转换的过程中。部分企业需要针对特定市场继续沿用传统的批放行检测,尽管其他市场已经批准了实时放行检测的做法,或者企业本身已经做好了向实时放行检测过渡的充分准备。国际上一些知名制药企业也在开展应用实时放行检测的实践,例如辉瑞公司分析科学组的专家Steve Hammond提出了关于实时放行检测存在的一个技术性限制,即杂质检测和稳定性试验。他们的做法是,选择有历史数据证明其具有良好稳定性的产品,如药物活性成分不因生产工艺而被降解的产品,应用实时放行检测。

6.1.2　实时放行检测模型建立策略

EMA 于 2012 年发布的实时放行检测指南中提出,实时放行检测通常包含利用过程分析工具的一系列过程控制的组合,比如近红外光谱分析技术和拉曼光谱分析技术结合多变量分析方法,以实现生产过程的实时放行检测。

近红外光谱分析技术和拉曼光谱分析技术是目前发展迅速和最具有应用前景的过程分析技术,两者的市场认可度一直居高不下,皆具有样品处理简单、分析快速、绿色环保、无损、适于光纤远距离传输等特点,已陆续用于原辅料进厂检测、药效成分含量测定、中间体含水量测定、颗粒粒径测定、混合均匀度测定、包衣厚度测定、天然药物鉴别、中药材的产地鉴别、成品的质量分析,以及中药提取、浓缩、醇沉、萃取等过程的在线分析等,能够实现化药/中药生产过程关键质量属性的实时放行检测。统计过程控制方法和二者的联用可得到科学合理的实时放行标准,实现低含量药物活性成分的产品的实时在线监测,从而能提高产品的质量控制水平,保证产品质量的稳定和可控。

由于实时放行问题的独特性和复杂性,有必要建立多策略的分析模型,提高运行效率,降低求解难度。比如:

(1)建立应用拉曼光谱分析技术对制药原辅料进行快速鉴别的谱库检索模型,通过 r(光谱相关系数)大小来判断原辅料质量可靠性。

(2)应用近红外光谱分析技术在线监测粉末的混合过程,根据移动块标准偏差(MBSD)大小来判断是否到达混合终点。

(3)应用近红外光谱分析技术在线监测流动床干燥过程的水分变化,主要采用偏最小二乘(PLS)法建立水分的定量模型,判断固体制剂的干燥阶段。

(4)应用近红外光谱分析技术在线监测制粒过程中的颗粒粒径变化,主要采用 PLS2 算法建立粒径的定量模型,能够同时预测一份样品中不同粒径的质量百分含量;应用近红外光谱分析技术在线监测包衣过程中的包衣厚度变化,主要采用主成分回归(PCR)建立包衣厚度的定量模型,判断包衣工艺的完成程度。

此外,建模过程中也会涉及光谱预处理方法选择的策略,如数据库检索时常用归一化方法,定量模型时常用 Norris 平滑、一阶导数、二阶导数、标准正态变换(SNV)、多元散射校正(MSC)等预处理,粒径预测时需要将不同粒径(D10,D60 等)的光谱分类处理;在变量选择方面,剔除异常样本后,如使用有效波段选择、无信息变量消除等也可大大提高模型预测结果的稳健性。

　　总之,在建立模型策略时应注意,变量选择和光谱预处理手段等,都可以有效克服近红外光谱测试的不稳定性。根据标样光谱的状况对光谱预处理,包括平滑、求导、SNV、小波变换、MSC 等,以减少系统噪声、随机背景、颗粒间紧实度等的干扰。此外,波段选择对近红外光谱定量分析模型的建立尤其重要,一般应根据样品的特点而选定,不同的波段会包含不同的光谱信息范围,增加波段范围虽然能提高信息量,但数据点变多的同时,也增大了测量误差。为了减少近红外光谱中某些信息量小、失真大的部分谱段,以避免这些谱段的测量误差影响模型的稳定性,可以依据导数光谱或相关系数随频率变化的相关图,或使用波段选择的方法,以选择最佳的谱段范围,增强模型的适用性。

6.2　知识库的构建和历史数据的积累

6.2.1　知识库的构建

　　简而言之,知识库就是数据库和规则的结合,是用于知识管理的一种特殊的数据库,以便于有关领域知识的采集、整理及提取。知识库中的知识源于领域专家,它是求解问题所需领域知识的集合,包括基本事实、规则和其他有关信息。

　　化学制药工业是一个知识密集型行业,在药物的研发、生产、分析、流通等过程中,经常涉及大量的专利信息、药品行政管理信息及市场信息等。随着化学制药工业由仿制机制向创新机制的转变,药物研发单位对相关知识的需求急剧增长,并迫切需要从中获取有价值的知识。这些知识包括与领域相关的理论知识、事实数据和由专家经验得到的启发式知识,如制药领域内有关的定义、定理、运算法则及常识性知识等。

　　知识库的建立,可以有效地将信息、知识积累保存下来,包括收集相关信息、分析信息特征、确定特征之间的关系等,并有利于加快企业内部信息和知识的流通,实现组织内部知识的共享(图6-3)。其中模型库的建设是药品生产过程管理必不可少的一项内容,过程分析技术中涉及的模型库主要涵盖以下几种。

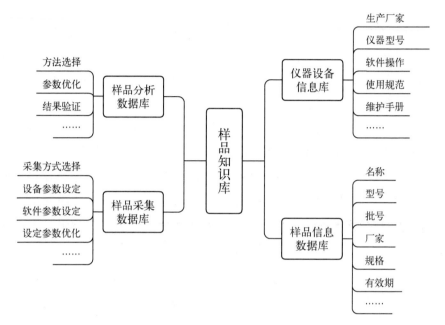

图6-3 药品生产过程知识库构建示意图

1. 仪器设备信息库:在药品生产过程中,会涉及多种检测设备,任何一种检测设备在生产过程中都起着不可替代的作用,而对仪器设备信息的管理也十分重要。如建立基于各仪器设备管理相关系统之间数据的互联互通的可追溯性平台,应包含以下功能。

(1)设置统一身份认证和授权管理:信息录入的统一身份认证和授权管理验证,只有通过统一身份认证且在系统中获得功能授权的用户才可以成功登录并将特定信息录入系统中,并根据用户身份分配不同使用权限,从而保证使用系统的可追溯性。

(2)标记功能:对数据进行增添删改时会标记登录用户的 ID、用户名和操作时间,多方面标记数据,以确保数据修改的合理性和可查性。

(3)日志功能:使用系统日志记录数据修改的每一步操作,全面掌握系统数据动态,作为与修改数据核对的依据,确保修改的可追溯性。

（4）IP 安全配置：系统与系统的信息交互建立在防火墙 IP 配置与数据库安全配置的前提下，只有指定 IP、指定授权用户才可以完成信息交互，从信息化系统角度确保数据共享的安全性。

（5）信息备份：每一个信息系统定期进行数据备份，从硬件方面保证数据安全。

2. 样品信息数据库：药品生产过程中涉及的样品主要有药用辅料、原料和成品。其中药用辅料常用信息包括辅料物理性质的基本数据及相关新剂型开发信息等，如熔点、沸点、紧实度、压缩性、潮解性、流动性、含水量、溶解度、化学名、通用名（或商品名）、批号、厂家、型号、有效期等。原料信息包括 CAS 登记号、分子式、相对分子质量、规格、纯度、批号、形态、存储条件、用途等。成品信息包括名称、规格、剂型、药品批准文号、批号、生产企业、有效期、商品名等。这些信息都将成为样品信息被保存下来，供设备端样品信息输入自动匹配和追溯平台查询使用。

3. 样品采集数据库：与采集的样品相关信息对应，主要用于记录样品采集过程中的采集方式选择（漫反射、漫透射、接触、非接触等）、设备参数设定（电压、电流、功率、风速、转速、流速等）、软件参数设置（积分时间、平均次数、平滑次数、数据保存等）、设定参数优化（主要涉及生产采集过程中，设备参数和软件参数的调整优化）及采集日志等。

4. 样品分析数据库：（1）方法选择，如样品质量控制方法：有效范围截取、信噪比检测等；样品预处理方法：异常样品剔除、SNV、MSC、归一化；模型预测方法：MBSD、MLR（多元线性回归）、PLS（偏最小二乘）、PCA（主成分分析）、t 检验、方差分析等。（2）参数优化，如异常剔除、样品划分、模型预测方法参数。（3）结果验证。

通常建立知识库，最终都是要达到便捷管理、维护的目的，按照数据结构来组织、存储和管理数据的仓库，主要实现对数据更合理地组织、更方便地维护、更严密地控制和更有效地利用，从而实现可共享且能统一管理的数据集合。

知识库中的数据不再针对某一应用，而是面向全体，多个用户、多种模型、多种检测可以同时共享知识库中的数据，数据资源的共享不仅能满足生产控制的要求，同时也能满足生产线之间灵活调节的信息通信要求。知识库的构建少不了在知识库内构建表，以存取对应样品知识的信息数据。数据是生成数据库(知识库)的基础,每条数据可以表征对应的每个样品的信息。遵循建立数据库表的基本原则,以原料为例建立数据库表(表 6-1),其中的信息罗列仅做参考,不代表实际情况。采用这样的数据结构设计,简单的 SQL 语句查询就可以方便地得出每一个 ID 对应的原辅料信息及涉及的过程分析中的检测结果。如果有新的数据产生,只需要在原始表中追加即可。

表 6-1　数据库表结构设计

字　　段	类　型	描　　述	备　　注
Id	char	ID	主关键字
APIName	char	API 名称	
BatchNumber	char	批号	
Specification	char	规格	
Manufactor	char	生产厂家	
ExpiryDate	date	有效期	
CAS NO.	char	CAS 号	
Purity	double	纯度	
Purpose	char	用途	
WaveLength	double	波长	横坐标
Intensity	double	响应值	纵坐标
TestResults	char	检测结果	根据检测标准判断

在表的基础上,通过表与表之间的关联(通常有一对一、一对多、多对多 3 种关系),可以高效地实现数据库构建。如图 6-4 所示,可以通过多个光谱系统适用性试验流程创建的对应检测项目的表,建立原辅料拉曼光谱数据,用于质量控制。

又如,既能定性又能定量的近红外光谱分析技术,通常用于混合判断、干燥控制、颗粒检测等。其每个分析模型库的建立也是由多个表(如指标表、样品信息表、化学参考值表、异常值样品表、预处理数据表、算法及其参数表、不同分析模型表等)组合而成的,如图 6-5 所示。

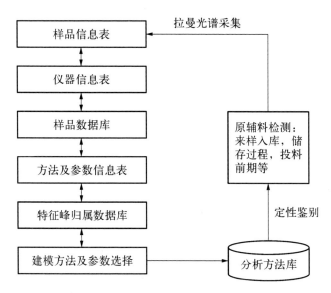

图 6-4 基于拉曼光谱分析技术的原辅料鉴别数据库建立

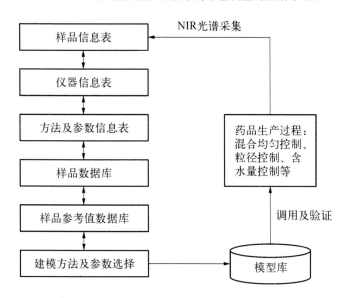

图 6-5 基于近红外光谱分析技术用于药品生产过程的数据库建立

6.2.2 历史数据的积累

数据是确保过程分析正常执行的关键所在,积累数据就是积累某种经验,经过有效分析的数据是未来决策或改进工艺的有效支撑,不断积累、更新数据也是有效决策和提升管理的重要手段。通常数据库可以保存事先定义好的特定格式的数据,通过数据库管理系统(database management system,DBMS)进行增加、修改、删除及查询操作,可以帮助用户实现对数据库中的每张表的数据的"增删改查"操作。在 DBMS 的管理下,历史数据的累积由早期的零散,变得更整齐划一、条理清晰,数据类型可自行查询并设置,比如日期格式、整数、小数、文本等。

利用历史数据积累,在过程分析中可以很好地协助产品生产和信息管理。

(1)生产数据记录完整性:通过应用符合 GMP 的计算机管理系统及自动控制系统,有计划分步骤地实现生产数据的全自动采集和监控,通过计算机系统进行高效、准确、不间断的数据汇总,逐步避免传统手工记录方式容易产生的生产数据滞后、缺失及出错等问题。

(2)集中监控:借助数据采集与监视控制(SCADA)系统,实时监控药品生产数据,随时调取企业生产各环节实时生产工艺流程监控画面,确保按照GMP 要求,对所有关键环节的数据监控实现全方位覆盖。

(3)消除数据孤岛:通过 SCADA 系统,各车间通过高速网络通道互联,对产品生产流程数据进行监控,形成生产数据池,累积生产相关数据,为其他信息化系统提供基础数据。

(4)实现统计分析:在数据采集及统计基础上对关键监控点进行趋势报警分析,保证生产过程趋势实时监控、产品质量稳定。

(5)数据可视化:SCADA 系统主界面及生产线采用三维动画展示,并提供先进的生产工艺流程展示,界面友好、易监控。

随着制造业和计算机科技的发展,企业在生产过程中都积累了海量的业务数据。如何高效地利用好这些数据,可以很大程度地决定企业能否实现生产过程中的资源低消耗和利益最大化。

6.3　持续数据采集与模型的优化及更新

6.3.1　药品生产过程的数据采集规范

数据完整性一直都是各类检查的重中之重。世界各国的药品监管机构都将数据完整性缺陷检查列为重点。数据完整性缺陷对于制药企业来说同样也是顽疾,从美国 FDA 发出的相关警告信中可以看出,数据删改和审计追踪是两大疑难杂症。与此同时，药品生产数据管理方面的法规也在不断更新，2018 年国家食品药品监督管理总局发布了《药品数据管理规范（征求意见稿）》，同年 3 月英国 MRHA 发布了《GxP 数据完整性指南与定义》，2019 年4 月欧盟 APIC 发布了《数据完整性指南》，2021 年 WHO 发布了《数据完整性指南》，几乎所有的法规对"数据完整性"都有了更高的要求。制药企业应实施一个系统的方法以保证贯穿产品生命周期的所有 GxP 记录和数据是完整和可靠的。

数据采集过程中，依据处方工艺的基础，应遵从代表性原则、典型性原则、适时性原则及程序原则这 4 个基本原则，同时还应注意以下几点。

（1）确保样本代表性：选择有代表性的样本，能反映全部生产过程中物料的组成、质量和生产进度。

（2）确保目的一致性：采集方法和分析目的的一致性。

（3）确保采样信息准确性：采集过程中设法保持原有的理化指标，防止成分逃逸（如水分、挥发性物质等）。

（4）确保采样纯洁性：防止带入杂质和污染源。

（5）确保采集方法实用性：采集方法要尽量简单，处理装置尺寸要适当易用。

采集过程中应注意：① 采样工具应该清洁，不带有其他干扰物质。② 样品在检测前、存储过程中密封完好，不受污染或发生变化。③ 样品采集后，应迅速进行相关指标分析。④ 盛装容器应干净卫生，贴上对应标签，并做好标记。⑤ 使用软件、硬件的采集方法、采集参数。⑥ 采集环境参数（温度、湿度等）。

采集完毕后做好相应的记录，如采样时间、样品名称、采集地点、采集数量、采集型号、采集方法、采集人员、用途等。

如过程分析中，通常可采用拉曼光谱分析技术鉴别不同来源和型号的原料药与辅料。在原辅料数据库建立时，在拉曼光谱数据采集中，首先建立包括光谱范围检测、光谱强度检测、暗噪声检测、光谱信噪比检测、光谱坏点检测与修复等在内的光谱系统适用性试验流程（光谱质量控制），然后判断采集的光谱是否符合此流程，若不符合，将及时反馈给用户。其中光谱坏点检测与修复可采用相邻 5 个像素点响应值与其均值置信区间临界比较的方法；暗噪声的强度检测可用来判别仪器的性能。具体的流程如图 6-6 所示。

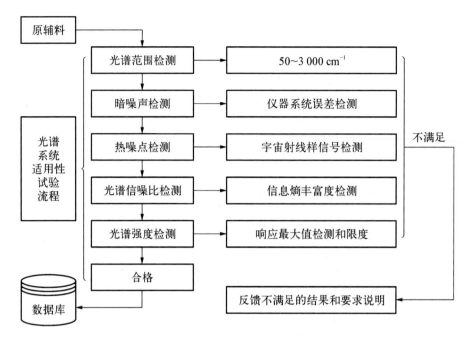

图 6-6　基于拉曼光谱的数据采集规范

采用近红外光谱分析技术来实现粉末混合均匀度检测、含水量控制、颗粒大小判别、包衣厚度控制等,在数据采集过程中,不但要做好相应的标记,还应注意以下几点。

(1) 准确测量校正集样品:为了克服不同操作人员对拉曼和近红外光谱测定的差异性,必须严格控制包括制样、装样、测试条件、仪器参数等测量参数在内的测量条件,利用该校正集样品建立的数学模型,也只能适用于按这个测量条件所测量光谱的样品。

(2) 选择合适校正集样品(样本划分):变化的背景给拉曼和近红外光谱分析带来极大困扰。为了统一背景变量,要求校正集样品必须包括所需待测样品中的全部背景,利用该校正集样品建立的数学模型,就能够校正样品中各种复杂的背景。

(3) 算法选择及模型建立:定量模型建立过程中,常选择 MLR、PLS、PCR 等算法,来建立、检验与评价模型效果,但有时不同组分在某一谱段可能重叠,但在全光谱范围有差异,因此,为了区别不同组分,可以通过波段选择(变量选择)来实现高效分析。

FDA 最新的指南指出,"尽管 ICH Q2(R1)的很多概念一般可以应用于多种分析方法中,但 ICH 的指南并不适用于近红外光谱分析方法的一些独特性质"。例如,FDA 的指南要求企业必须解释近红外光谱检测的应用场景。有些企业可能会在产品远离工艺物料流或反应器的地方进行离线检测,有些企业会在离生产线很近的地方取样,而有的企业则在产品还未离开生产线时取样在线检测。FDA 在指南中提出,"检测的地点将会决定近红外光谱分析的要求"。比如,在线近红外光谱检测很有可能需要"专门的分析仪和定制界面以保证可接受的信噪比和光谱采集时间"。指南补充道,企业需要注意近红外光谱检测中的界面、光谱采集、数据收集、抽样和标准测定。FDA 同时建议企业构建一个"校正集"来尽可能地模拟样品预期的工业化生产过程。这个校正集应当考虑各种可能存在的变化,包括环境变化。

6.3.2　模型的建立、优化及更新

化学药品过程分析中,可借助快速、无损的近红外光谱分析技术实现实时在线控制生产进度、监测产品质量,其分析模型的构建在近红外光谱检测中有着举足轻重的地位。与实验室(离线分析)相比,建立一个耐用、稳健性好的在线近红外光谱分析模型尤其复杂。

我国制药行业目前使用的近红外光谱离线检测主要是在原辅料鉴定、来样检测时,把控样品一致性(见本章案例 6-1)。而在线检测主要集中在中药领域,如浙江大学的程翼宇教授和瞿海斌教授创新团队以近红外光谱分析技术为工具,分别对提取(水提、醇提和渗漉)、浓缩、醇沉、精制纯化(硅胶柱色谱和大孔树脂纯化)、混合和包衣等关键工艺过程和制剂成品进行了快速分析,主要完成了复方苦参注射液、痰热清注射液和丹参注射液等生产过程的快速质量评价,建立了 PLS、LS-SVM 和 RBF-ANN 等近红外光谱定量模型。有许多文献给出了建立在线分析模型的策略,对一般情况,在系统建立、调试初期,可利用一段时期内现场收集的有代表性的样品,使用模型建立模拟系统建立一个初始模型,然后随着在线检测逐渐扩充模型。在线分析模型的建立可参照 ASTM E1655 方法建立。定量校正方法除常用的因子分析方法(如 PLSR、PCR)外,也可采用 ANN 和拓扑方法。通常样品光谱与待分析的性质的关系决定了模型分析所采用的校正方法。值得一提的是,模型的适用范围大小与多种因素有关,除与建立模型所使用的校正方法和待测的性质数据有关外,还与测量所要求达到的分析精度范围有关。在此基础上,模型所适用的

范围越宽越好。为了确保分析结果数据的可靠性,在数据导出之前须严格按照 ASTM E1655、ASTM E1790 和 ASTM E6122 等规定的方法对模型界外样品进行识别,结果验证方面会通过多种手段联合起来进行评估,如马氏距离(MD)、光谱残差及最邻近(KNN)距离的检测结果一致时,方可证明得到的结果有效。在建立模型时,应注重考量模型预测精度与模型稳健性的关系。一般来讲,根据校正集建模样本所建立的模型在同等条件下(如光谱仪的环境温度、样品温度、压力和流速)预测同类样本,则所建模型对该类样本的预测准确性较高,一旦外界环境发生了变化导致采集的光谱差异性波动,其预测结果将会产生较大的偏差。因此,在建立模型时,往往需要增加有外界环境变化的样本(如样品的温度或流速),以提高模型的稳健性和预测能力。虽然此举会降低模型的预测精度,但在实际应用过程中,模型的稳健性得以提高,适用范围也会变得更广泛。

以下是定量模型建立的常用步骤。

(1) 校正集制备:制备并测量有代表性的校正集及其近红外光谱。

(2) 参考值测量:采用传统技术(标准方法)测定待测成分的浓度(或其他理化指标),将其作为参考值。

(3) 模型建立:使用化学计量学方法建立校正集样品的测量光谱和对应的参考值之间的关系模型。

(4) 检验模型:使用内部交叉检验方法,每次从建模样品集中依次剔除 n 个样品,用剩下的样品建立模型预测被剔除的 n 个样品,直至所有样品都被剔除并预测过。

(5) 模型预测:将未知待测样品的近红外光谱代入已建立的分析模型中,计算得到待测样品的浓度(或其他指标)。

(6) 模型维护:条件变化等都需要对模型做升级与维护,进一步校正模型。

采用近红外光谱分析样品时,模型的建立及未知样品测定流程图见图 6-7、图 6-8。

正如前文所述,定量模型建立所用的经典校正方法 PLS,特别在大样本量,以及样本中有多重共线性的时候,通过投影预测变量和观测变量到一个新空间来寻找一个线性回归模型,从而得到广泛应用(见本章案例 6-2)。

PLS 的研究对象是两个数据矩阵 X,Y。首先对 X,Y 分别进行 PCA(SVD

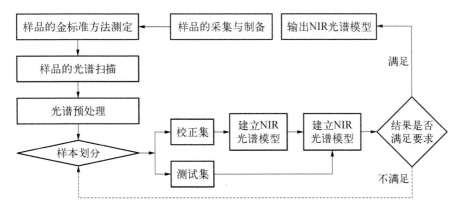

图 6‑7　模型的建立流程图

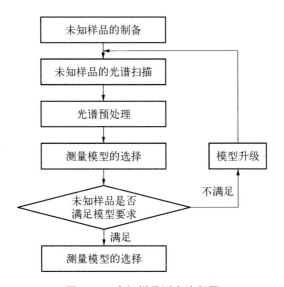

图 6‑8　未知样品测定流程图

奇异值分解)处理,提取各自的主成分(t, u),然后建立 t 和 u 的某种内部关系,如下式所示:

$$\text{外部关系}\quad \begin{aligned} \boldsymbol{X} &= TP' + E \\ \boldsymbol{Y} &= UQ' + F \end{aligned} \quad \boldsymbol{Y} = TBQ + F \quad \text{混合关系}$$

$$\text{内部关系}\quad u_k = b_k t_k$$

T 和 U 须满足以下条件:对于 T 和 U,应该最大限度地提取它们各自系统中的变异信息;同时 T 和 U 的相关程度应该达到最大;简单地讲,在 PLS 中,要求 t_1 和 u_1 的协方差最大。

设 t_1 是 E_0（标准化矩阵）的第一个主成分，w_1 是第一主轴。u_1 是 F_0（标准化矩阵）的第一个主成分，c_1 是第一主轴，即求解下面的优化问题：

$$\max\{Cov(t_1, u_1)\} = \max\langle E_0 w_1, F_0 c_1 \rangle$$

$$s.t \begin{cases} w_1^T w_1 = 1 \\ c_1^T c_1 = 1 \end{cases} \tag{6-1}$$

利用拉格朗日乘数法求出 w_1 和 c_1：

$$E_0^T F_0 F_0^T E_0 w_1 = \theta_1^2 w_1$$

$$F_0^T E_0 E_0^T F_0 c_1 = \theta_1^2 c_1 \tag{6-2}$$

式中，E_0、F_0 分别为 X 与 Y 的标准化数据；w_1 是 $E_0^T F_0 F_0^T E_0$ 的单位特征向量；θ_1^2 是对应的特征值同时也是目标函数值的平方；c_1 是 $F_0^T E_0 E_0^T F_0$ 最大特征值 θ_1^2 的单位特征向量。求出 w_1 和 c_1 即可得到成分 t_1 和 u_1，然后分别求出 E_0 和 F_0 对 t_1 的回归方程：

$$E_0 = t_1 p_1^T + E_1$$

$$F_0 = t_1 r_1^T + F_1 \tag{6-3}$$

回归系数向量为 $p_1 = \dfrac{E_0^T t_1}{\parallel t_1 \parallel^2}$，$r_1 = \dfrac{F_0^T t_1}{\parallel t_1 \parallel^2}$，$E_1$ 和 F_1 为回归方程的残差矩阵。用残差矩阵 E_1 和 F_1 取代 E_0 和 F_0，求出 w_2 和 c_2 及第二个主成分 t_2、u_2，得

$$t_2 = E_1 w_2 \quad u_2 = F_1 c_2 \tag{6-4}$$

建立回归方程：

$$E_1 = t_2 p_2^T + E_2 \quad F_1 = t_2 r_2^T + F_2 \tag{6-5}$$

回归系数向量为

$$p_2 = \frac{E_1^T t_2}{\parallel t_2 \parallel^2}, \quad r_2 = \frac{F_1^T t_2}{\parallel t_2 \parallel^2} \tag{6-6}$$

如此计算下去得

$$F_0 = t_1 r_1^T + \cdots + t_A r_A^T + F_A = E_0 \left[\sum_{j=1}^{A} w_j^* r_j^T \right] + F_A \tag{6-7}$$

式中，$w_j^* = \prod_{i=1}^{j-1}(I - w_i p_i^T)w_j$，则 $\sum_{j=1}^{A} w_j^* r_j^T$ 是偏最小二乘回归系数向量，A 为 X 的秩。

PLSR 算法的实质是按照协方差极大化准则，在分解自变量数据矩阵 X（样本）的同时，也在分解因变量数据矩阵 Y（实测值），并且建立相互对应的解释隐变量与反应隐变量之间的回归方程，充分体现了 PLSR 的定量建模优越性。

定量模型的校正和预测：在建立校正模型过程中，先收集一定量有代表性的样品［按照校正(3/4)、预测(1/4)划分］，在测量其光谱图的同时，根据需要使用传统手段（标准分析方法）测量得到样品的各种质量参数，称之为参考值。通过光谱预处理后，将其与参考值之间建立起一一对应的关系，通常称之为模型。虽然建模样本数目有限，但通过化学计量学处理得到的模型能够具有较强的普适性。对于建立模型所使用的校正方法，视样品光谱与待分析物质的性质关系不同而异，如 MLR、PLS、PCR 等。显然，模型所适用的范围越宽越好，但是模型的范围大小与建立模型所使用的校正方法有关，与待测物的性质数据有关，还与测量所要求达到的分析精度范围有关。实际应用中，建立模型都是通过化学计量学软件实现的，并且有严格的规范（如 ASTM 6500 标准）。在预测过程中，首先使用近红外光谱测定待测样品的光谱图，通过软件自动对模型库进行检索，选择正确的模型计算待测质量参数。如 PAT 中原辅料混合均匀度检测采用近红外光谱分析时，因制剂的混合均匀度在实际生产过程中是不被监测的或直接用含量均匀度的检测结果来进行反推的，且在实际生产时总混的时间通常比较短，在此情况下采用常用的建模方法有一定的难度，可以尝试采用基于混合过程中连续采集的近红外光谱间的差异进行评估的方法，如线性叠加法(LSM)、误差调整单样本技术(BEST)、F 检验，甚至移动块标准偏差(MBSD)等，该算法无须校正集，仅通过比较光谱间的差异大小来表征工艺终点（见本章案例 6-3）。

此外，对分析模型的优化和更新是在线近红外光谱分析系统维护的主要内容，同时也是最为复杂的一个环节。一般当出现模型界外样品时，就需考虑模型维护问题。以下因素可能会引起模型界外样品的出现。

(1) 待测样品的化学组分发生了变化，如添加了新组分或原有的一种或多种组分超出了模型覆盖的范围。

（2）非样品化学组成因素引起的，如固体样品的粒度分布范围的改变，液体样品存有气泡，流通池或探头被污染引起的光程变化，环境引起的光谱仪改变，光源工作异常，样品温度、压力或流速发生变化等都可能使光谱产生较大的改变，出现模型界外样品。

当发生第一种情况时，需要及时将这些样品补充到样品集中，对近红外光谱在线分析模型进行更新，扩充模型的覆盖范围。若界外样品由第二种情况引起，则需要找出问题的具体原因，并加以解决。如排除硬件故障，保证分析条件的一致性。对于样品粒度、温度、压力或流速等因素引起的界外样品，也可通过将这些变动因素引入模型的办法来解决，但这样做会降低模型的精度。如在线水分检测过程中，需要控制温度、气压、气流等，制药企业会对这样的指标加以谨慎控制，避免因其变化导致光谱数据发生变化，使得模型受限。先前建立的分析模型不能很好地适用于后者，此时就会涉及模型优化和更新，其中优化主要包括对模型建立方法的优化及其参数的优化，其基本流程如图 6-9 所示。

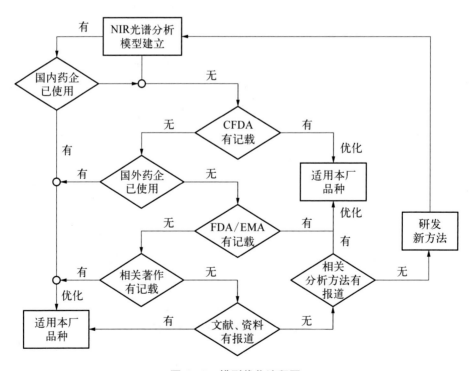

图 6-9　模型优化流程图

从图 6-9 中可以看出,当已有模型(近红外光谱分析模型)建立完成后,相关生产企业在使用的时候会借鉴国内外制药企业或者相关著作、文献等的记载来不断优化模型;或者会根据药品监管部门的记载或报道指南来开发适用本企业产品的新方法、新模型。

案例 6-1

定 性 鉴 别

以淀粉作为标准样品,根据数据库检索方法、样品与标准品的相关系数 R 的大小和阈值比较[式(6-8)],来判断鉴别结果。

$$R = \frac{\sum_{i=1}^{n}(X_i - \overline{X})(Y_i - \overline{Y})}{\sqrt{\sum_{i=1}^{n}(X_i - \overline{X})^2 \sum_{i=1}^{n}(Y_i - \overline{Y})^2}} \tag{6-8}$$

式中,X_i 代表标准样品,即淀粉的近红外光谱测定值;$\overline{X}$ 代表标准样品,即淀粉的近红外光谱测定平均值;Y_i 为对比样品(淀粉、微晶纤维素、羧甲基淀粉钠、羟丙基纤维素)近红外光谱测定值;$\overline{Y}$ 为对比样品的近红外光谱测定平均值;n 为计算的光谱个数(如 30)。计算得到各批次的淀粉与淀粉的相关系数 R_{ss},淀粉与微晶纤维素的相关系数 R_{sm},淀粉与羧甲基淀粉钠的相关系数 R_{sc},淀粉与羟丙基纤维素的相关系数 R_{sh},根据 R 的大小即可判断未知来源样品归属(表 6-2)。

表 6-2　淀粉与各辅料的相关系数(R)

淀粉标准品	批　号	R
淀粉	T1001	0.999 9
	T1002	0.999 7
	T1003	0.999 5
	T1004	1.000 0
微晶纤维素	M1101	0.987 6
	M1102	0.989 6

续　表

淀粉标准品	批　号	R
微晶纤维素	M1103	0.990 2
	M1104	0.987 4
羧甲基淀粉钠	C0001	0.994 9
	C0002	0.995 3
	C0003	0.995 2
	C0004	0.994 4
羟丙基纤维素	H2001	0.917 3
	H2002	0.905 5
	H2003	0.909 8
	H2004	0.920 2

﹡来源：某 NIR 光谱仪器厂家提供（内容有调整）。

　　从表中可见，在不对近红外光谱测定值进行任何预处理的情形下，各辅料间的光谱较为相似，且 R 值均在 0.9 以上，一般认为 $R > 0.95$ 即可看作属于同一类，因此，在实例中所验证的 4 种辅料，通过 R 值可以区分淀粉与羟丙基纤维素两种辅料，而无法区分淀粉与其余两种辅料。

案例 6-2

定 量 模 型

　　片剂颗粒水分干燥过程的近红外光谱检测：将制粒后的湿颗粒倒入流化床中进行干燥，实验所用样品是在流化床干燥过程中从取样口实时取出的样品；流化床开始进风干燥并开始连续采集光谱，光谱采集完成后立即取样。因在物料温度低于 30 ℃时样品水分变化较快，故取样间隔时间较短，每隔 30 s 取一次样品；在物料温度高于 35 ℃时水分变化较慢，取样间隔时间延长，每隔 2 min 取一次样品，待物料温度继续上升到 50 ℃时停止干燥(工艺是在物料温度为 48 ℃时停止干燥)。一批物料需分成 4 次进行流化床干燥,每一次流化床干燥大约采集 10 个样品,一批可采集大约 40 个样品,共采集 12 批物料 519 个样品建立模型。使用近红外光谱仪,通过流化床窗口连续采集干燥过程中的样品的近红外光谱。光谱的扫描范围为 4 000~12 500 cm^{-1},扫描次数为 64 次,分辨率为 8 cm^{-1},增益值为 8 倍,每次采集光谱前均进行背景光谱的采集,采集得到的近红外光谱如图 6 - 10 所示。

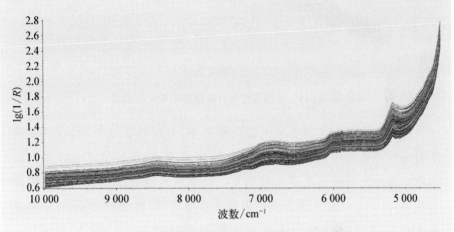

图 6 - 10　片剂颗粒水分干燥过程的近红外光谱图

建立片剂颗粒水分含量的定量分析模型。首先剔除异常样本(用 Chauvenet 准则检验结合杠杆值-学生化残差图鉴别并剔除),进而采用 SPXY 分类算法将其余样本划分为校正集和验证集。经过光谱预处理 (如 MSC、SNV、一阶导数、二阶导数、Norris 平滑等)后,结合定量分析方法(如 PLS、PCR、MLR 等)建立定量模型,模型以交互验证均方根误差 (RMSECV)为指标,运用留一交互验证法确定最佳因子数(factor),并以预测残差平方和(PRESS)作为判别依据。模型对校正集样本和验证集样本的预测误差分别用校正集均方根误差(RMSEC)[或校正集标准偏差(SEC)]、验证集均方根误差(RMSEP)、相对分析误差(RPD)和验证集相对偏差(RSEP)来考查。模型相关系数 R 越接近 1,说明模型拟合效果好,分析准确度越高。以 MSC、一阶导数、Karl Norris 平滑为光谱的预处理方式,选择的建模波段为 4 935~5 336 cm^{-1} 和 6 911~

$7\,297\ \mathrm{cm^{-1}}$,结合化学计量学中的 PLS 算法建立近红外光谱定量分析模型（图 6 - 11）。

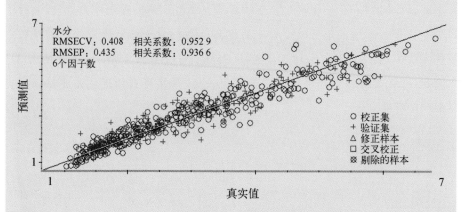

图 6 - 11　片剂颗粒水分含量的定量分析模型

　　强大的模型应兼容不同来源的校正集，如物料属性不同、生产规模不同或物料产率不同，以及仪器、设备、环境不同，同时独立验证集也是预测模型结果好坏不可或缺的环节。通常模型验证的方法包括内部交叉验证（验证集样本从参与建模的样本内部选择）和外部验证（验证集样本未参与建模过程），验证模型的指标可以选择 RMSECV、RMSEP、RPD 等。

$$\mathrm{RMSECV} = \sqrt{\dfrac{\displaystyle\sum_{i=1}^{n}(\hat{y}_i - y_i)^2}{n}} \qquad (6-9)$$

式中，n 为校正集样品数；y_i 为校正集样品 i 的参考值；$\hat{y}_i$ 为去除样品 i 的预测值。RMSECV 值越小，模型预测能力越好。对于 RMSEP，

$$\mathrm{RMSEP} = \sqrt{\dfrac{\displaystyle\sum_{i=1}^{n}(y_i - \hat{y}_i)^2}{n}} \qquad (6-10)$$

式中，n 为验证集样品数；y_i 为验证集样品 i 的参考值；$\hat{y}_i$ 为对验证集样品 i 的预测值。

　　在校正集和验证集中，决定系数 R^2 由下式计算所得。

$$R^2 = \left[1 - \frac{\sum\limits_{i=1}^{n}(\hat{y}_i - y_i)^2}{\sum\limits_{i=1}^{n}(y_i - \bar{y}_i)^2}\right] \times 100 \qquad (6-11)$$

式中,$\bar{y}_i$ 为校正集和验证集中所有样品参考值的平均值,R^2 越接近1,表示相关性越高。

从模型的结果可以看出,在线近红外光谱定量分析模型的 RMSEP 值都很小,相关性系数都达到了0.93以上,说明所建定量模型的线性关系良好,模型的预测能力很好。通常 RPD 可以用来表示模型预测的可靠性,RPD=Std/RMSE,通过计算得到 RPD=5.18>2.0,可知该模型的预测结果在可接受范围内。一般地,当 RPD>5时,表明模型的预测结果可以接受;当 RPD>8时,表明模型的预测准确性很高;当 RPD<2时,表明预测结果是不可接受的。

案例6-3

半定量模型

颗粒混合均匀度监测是固体制剂生产过程中不可或缺的质量控制方法,混合时间过短或过长会对产品质量或生产效率带来不利影响,如混合时间过短会导致混合不均匀,过长则浪费时间和资源。此外,传统均匀度检测方法只对药物活性成分的含量进行测定,即通过色谱或光度方法测定不同混合阶段的样品中活性成分的含量,而不考虑填充剂等辅料混合的均匀性和物料的物理变化,因此,用这种方法来判断颗粒混合均匀度是比较片面的。与传统的检测方法相比,采用在线近红外光谱分析技术能更全面地评价混合过程,且操作简单,把光纤探头安装在混合设备顶端透明玻璃视窗处或直接插入混合物料中即可以随时监控,最终根据 MBSD 与阈值大小的比较,来考查每批颗粒的混合均匀度,从而对所有成分进行全面评估。值得注意的是,采用近红外光谱分析技术对被测组分的含量有一定的要求,通常适用于质量分数>1%的常量组分分析。图6-12是某制药企业使用近红外光谱分析技术在线监测含60%药物活性成分的颗粒与硬脂酸镁、玉米淀粉、羟丙基纤维素等在设备中的混合过程。

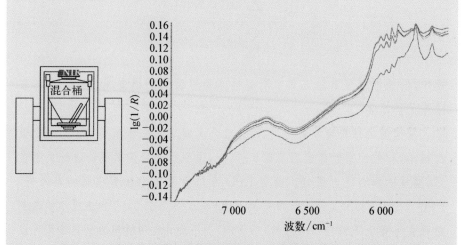

图 6‑12　近红外光谱在线监测混合均匀度装置图(左)和结果图(右)

　　样品混合过程为：先将除硬脂酸镁以外的所有原辅料放入流化床中湿法制粒并干燥，再将颗粒放入整粒机中整粒，然后将颗粒倒入混合设备中，加入 1% 的硬脂酸镁，开始颗粒混合过程。混合 3 min 后，从上表层的 5 个不同位置取样，之后每隔 1 min 取样一次，直到 5 min 停止取样(工艺终点)。图 6‑13 为连续 5 min 采集的一组光谱图。可以看出，随着混合时间的增加，光谱之间的差异不断变小，最后甚至重合(图中数据点 8、9 所示)。

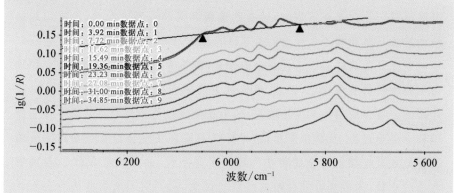

图 6‑13　不同时间近红外光谱在线监测混合均匀度

　　根据上文描述使用 MBSD 来判断样品组分的混合均匀度，该方法的原理为样品混合均匀后，其连续几次测量光谱之间的标准差随时间的变动达到最小。公式如下：

$$S = \sqrt{\frac{1}{N-1}\sum_{i=1}^{N}(X_i - \overline{X})^2} \qquad (6-12)$$

式中，S 为混合物 NIR 光谱的标准差；$\overline{X}$ 为 N 条光谱 X_1，X_2，$\cdots$，X_n（n 为波长点数）的均值；N 为总光谱数。通过仪器采集近红外光谱，进行一阶导数处理后，选取 N 个连续光谱，并计算光谱的标准差 S。在初混时，前 N 个光谱差异较大，即 S 值较大。随着混合的进行，物料越来越均匀，即 S 值不断变小。最终，通过大量验证后，确定一个阈值（S_0），即当 $S <$ S_0 时，混合完成。

　　操作步骤如下：确定用于计算标准差的连续测量光谱个数，如选择 11 次，则按式（6-12）计算 1～11 次测量光谱之间的标准差 S。最后将每次计算的标准差 S 与 S_0 比较（通常 S_0 是由每个品种经过大量实验获得的先验值，针对图 6-14 中的测试用品种，取值为 2%），若连续 5 次的 S 都小于 S_0，则可看作混合均匀。为了方便观察，这里将 S 与相应的混合时间（次数）作图，见图 6-14。根据该图便可准确地判断出最佳的混合时间（次数）。刚开始，随着混合不断进行，S 值迅速下降，到达一定时间后，逐步混匀，样品点之间的均匀性差异越来越小，当进行到 150 s 时，三种样品基本混合均匀，在 200 s 时 S 值略有上升，但仍在误差标准要求范围之内 [S_0 为 0.02（2%）]。

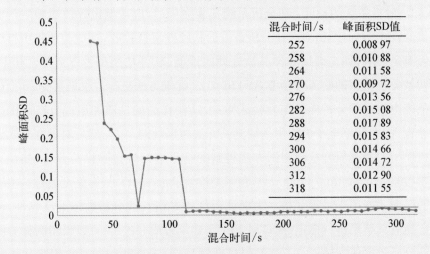

混合时间/s	峰面积SD值
252	0.008 97
258	0.010 88
264	0.011 58
270	0.009 72
276	0.013 56
282	0.015 08
288	0.017 89
294	0.015 83
300	0.014 66
306	0.014 72
312	0.012 90
318	0.011 55

图 6-14　片剂颗粒在线混合 NIR 光谱峰面积 SD 随时间的变化

6.4 模型验证及模型转移时适用性的确认

6.4.1 模型验证及模型转移的意义

2015 年,FDA 发布了《近红外分析方法的开发与提交》(Development and Submission of Near Infrared Analytical Procedures)行业指南草案,旨在帮助制药企业运用近红外光谱分析技术更好地保障所生产药品的质量。该指南主要说明了近红外光谱分析技术在起始物料、药物中间体及制剂成品鉴别方面的应用。采用近红外光谱分析技术,通过测量待测成分吸收的近红外波长来判定产品信息和药物成分是否正确无误,检测无须破坏样品。FDA 发布的指南指出,"将近红外光谱分析技术用于药品质量的检验的应用在不断增多,因而其方法的开发和验证对于保证药物质量就显得尤为重要。应用这种方法的制药企业需要了解哪些因素会影响该方法的性能和适用性,以及对该检验方法进行验证的方式"。FDA 和其他药品监管机构长久以来一直坚持的原则是任何用于检验和确保产品质量的分析方法都要经过验证,证明该方法用在其检验的每件产品上都是准确、可靠的,验证主要依据 ICH 发布的 Q2(R1),即"分析方法验证:文本和方法学"(Validation of Analytical Procedures:Text and Methodology)。

1. 分析系统的验证:在分析系统安装完毕后,应按照设计说明和生产商提供的技术指标,严格对在线分析系统的软硬件进行验收,逐项验证各项指标是否满足要求,如光谱仪和样品预处理的性能、软件功能是否齐全等。其中,对初始分析模型的验证可参考 ASTM 6122 标准方法进行。收集至少 20 个模型范围内的过程分析样品作为验证样本,这些样品的性质和组成分布范围应足够宽,标准偏差至少为所用基础测试方法再现性的 70%,然后对近红外光谱分析模型的预测值和基础测试方法得到的结果进行统计学检验分析,如相关斜率检验(correlation/slope test)和偏差检验(bias test),只有完全通过这些检验的模型才能用于过程分析。为保证近红外光谱在线分析数据的准确性,需要定期对其结果进行标定(ASTM E6122 建议每周一次)。可以采用两种方法保证分析数据的准确性:一是采用标准样品,对于有些测试对象很难获得标准样品的可采用第二种方法,即与实验室进行数据对比,其差值应在基础测试方法要求的再现性范围内。如果差值超过这个范围，则需要再次采样分析，如果结果又满足了要求，说明采样或者实验室分析数据有问题，否则需要对硬件和模型进行系统检验，找出引起偏差的主要原因。而且，每隔一段时间（如 1～2 个月），要对这段对比数据进行统计分析。在与实验室分析结果进行对比时，有几个问题值得注意。

（1）在线分析样品与实验室分析样品在时间和组成上的一致性，即两者为"同一个"样品。

（2）实验室所用的分析方法是建立近红外光谱分析模型时所采用的方法；

（3）在实验室进行分析时，应尽可能用同一台设备，是同一个人进行分析，如有可能应平行测定 2～3 次，取平均值。

2. 仪器设备的验证：随着科技的发展，尤其是拉曼光谱和近红外光谱分析技术的广泛使用，使各种类型的快速监测设备相继问世，如台式、便携式、手持式和快检车载型设备等，通常会使用这些设备建立适用不同样品的光谱定性和定量分析的多元校正模型。在实际应用中，建立一个长期稳健、可靠、准确的多元校正模型是非常复杂的过程，需要消耗大量的人力、物力、财力。不同的模型建立时所用的样品各有区别，主要包括样品的理化性质、储存条件、测试环境和仪器状态等信息，因此，使用该模型之前，必须评价和验证该模型能否适用于新样品或新仪器。如果不适用，模型在预测过程中所遇到的样本信息并非在校正过程中所包含的变异，导致预测结果偏差较大，那么就需要进行模型传递（模型转移或仪器的标准化）。仪器的一致性达不到模型传递的要求，不同仪器之间的物理参数和响应能力都存在一定的系统误差，导致所建立的模型不能在仪器之间共享，严重限制了模型的推广。通常在不同的仪器之间、不同的测量环境或不同的仪器零部件之间所建立的模型才可能需要模型传递（仪器标准化）。而仪器标准化的目的就是使不同仪器（主机、从机）上获得的光谱（模型）尽可能一致。经过校正的模型即可用于新样品或新环境，对待测样品进行预测。也可将离线模型通过模型传递方法转换后用于在线分析。模型传递的方式多种多样，如直接传递，可以将建立好的分析模型直接传递；间接传递，可以将光谱在不同仪器之间传递，重新建立模型；也可以对分析结果进行校正。此外，在使用所建分析模型之前，需对模型的有效性进行验证，参考 ASTM E1655 和 ASTM E6122 方法，以确保分析结果的准确性。

　　一般而言,导致模型不适用的情况主要有以下几种:首先,样本本身的差异(如含量、黏度、粒径、表面特征等)导致原模型(所建模型)不适用;其次,仪器的物理性质发生变化,也会导致原模型不适用,如仪器的分辨率、光栅的结构、光源的强度、激光照射样品的斑点位置、仪器的维修和更换零件(如光源、光纤、检测器等),以及仪器的老化导致的信号漂移或非线性问题。此外,环境的变化也会给模型精度带来不可忽视的影响,例如仪器的温漂会引起波数的漂移和分辨率的变化,甚至导致仪器的热膨胀,从而影响光学元件的校准。上述所有的原因都可能导致原模型"失效"。如果此时用原模型对新样本进行预测,难免会产生较大的错误结果,从而对下一步的分析产生极大的影响,因此要建立一个可靠的、稳健的共享模型迫在眉睫。在建立共享模型前,解决不同环境和不同仪器等所带来的系统误差问题是必不可少的,甚至是关键的一步。而对于这样的系统误差所造成的原模型不能准确使用,是完全可以用化学计量学的相关方法加以修正的,从而对原模型进行更新和传递,达到共享的目的。模型传递的本质是克服样品在不同仪器上的测量信号(或光谱)间的不一致性。

　　模型传递的途径首先是从仪器硬件入手,提高仪器加工工艺水平,完善出厂质检标准,降低不同仪器之间硬件差异性,大幅提高同一样品在不同仪器上测量的光谱的一致性。其次是从软件入手,通过对不同仪器上测量(标准样)信号的处理,最大程度消除这些信号间的差别。测量信号是样品本征信号与仪器影响信号的复合,相同样品在不同仪器上测量信号间的差异主要是由仪器个体不一致引起的,通过信号处理以消除仪器对量测信号的影响,此类操作常称为模型传递。通常可用以下两种方法来解决:一是提高模型的稳定性,另一个是增强模型的普适性。前一种方法主要是从预处理方面改进,通过变量的筛选、微分、小波变换等方法,来增强原模型的耐受性,使得即使在环境改变的情况下(如新的温度、新的仪器等),也能对新的光谱有准确的预测。后一种方法则是通过源机和目标机所测信号或预测结果之间的函数关系来建立相关的数学模型,由确定的函数关系变换目标机所测信号或预测结果来实现模型传递。如利用标准化样品对模型校正系数 b 的校正、对模型预测结果的校正如斜率/截距校正(SBC)算法,以及对光谱一致性的校正,如直接标准化(DS)算法、分段直接标准化(PDS)算法和 Shenk's 算法。

6.4.2 模型转移及验证的方法

模型转移及验证的方法多种多样,针对不同的适用条件,有不同的模型传递手段,结合已有的相关文献,主要有以下方法可参考:① 从仪器本身的物理性质入手,来提高模型的稳健性,主要对仪器本身的参数等做出调整校正。② 从样品所测的光谱入手,以提高模型的适应性,主要利用化学计量学的方法,找出一个或几个新方法来建立一个可靠的模型,实现模型共享。③ 从仪器本身的物理参数和样品的光谱性质同时入手,来实现模型共享。模型转移与验证的流程和指标见图 6-15。

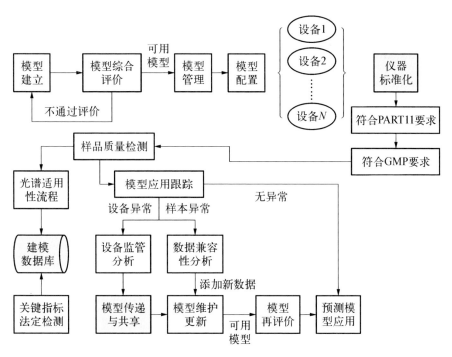

图 6-15 模型转移与验证的流程和指标

1. 对模型校正系数进行标准化的方法

Forina 等提出对主、从机上的模型校正系数 b 进行标准化的方法,首先对一系列标准化样品在主、从机上测定的光谱建立校正模型,系数分别为 b_1 和 b_2,然后通过转换矩阵 F 来对二者建立转换关系:

$$b_2 = F \times b_1 \qquad (6-13)$$

这种标准化方法的效果相当于在从机上重新建立模型,其中转换矩阵 F 由标准化样本集计算而来。该法近年来未见进一步研究报道。

2. 对模型预测结果进行标准化的方法

斜率/截距校正算法(SBC 算法)通过对模型预测结果进行斜率和截距的调整,使得不同仪器对相同样品的预测结果相近。

其基本思想为首先在主、从机上测得的预测值之间存在线性关系,假设在主机上建立的定量模型的回归系数矩阵为 B,然后分别在主、从机上扫描 N 个标准化样品的光谱,用 S_m、S_s 表示,则

$$y_{m,i} = S_{m,i} \times B \tag{6-14}$$

$$y_{s,i} = S_{s,i} \times B (0 < i < N) \tag{6-15}$$

式中,$y_{m,i}$ 和 $y_{s,i}$ 分别为模型对 N 个标准化样品在主、从机上测得光谱的浓度预测值。使用一元线性回归方程来拟合,求得该线性方程的最小二乘解,即按照残差平方和最小的原理求解,作为校正模型预测结果的斜率和截距:

$$slope = \frac{\sum (y_{s,i} - \bar{y}_s)(y_{m,i} - \bar{y}_m)}{\sum (y_{s,i} - \bar{y}_s)^2} \tag{6-16}$$

$$bias = \bar{y}_m - slope * \bar{y}_s (0 < i < N) \tag{6-17}$$

有了回归系数矩阵 B 和 $slope/bias$ 校正项,就可以直接利用从机上得到的光谱计算其浓度值,则校正后的浓度值为

$$y_{s,corr} = slope \times (X_s \times B) + bias \tag{6-18}$$

式中,X_s 为从机上得到的光谱矩阵;$y_{s,corr}$ 为校正后的测试浓度。

一般而言,如果仪器之间的差异较为简单且仅存在系统误差时,其他方面的差异都非常相近,此时采用简便的 SBC 算法能够取得很好的效果。但通常这种标准化处理仅适用于比较相似的仪器之间,所达到的仪器之间的标准化程度较低。如果仪器之间的差异比较复杂(如光学系统不同、信噪比差异大),而且样品对光谱的影响也随之改变时,那么此时就要从光谱入手,以达到光谱校正的目的,如直接标准化(DS)、分段直接标准化(PDS)算法等。

3. 对测定光谱进行标准化的方法

(1) 直接标准化(DS)算法

DS 算法是由 Kowalski 小组提出的,使用转换矩阵 F 将标准化样品在主、从机上测定的光谱 S_m 和 S_s 进行关联,关系如下:

$$S_m = S_s F \tag{6-19}$$

$$F = S_s^+ S_m \tag{6-20}$$

式中,上标"+"表示广义逆。这样,对于从机上测定的待测样品光谱矩阵 X_s,经过转化后即可得到校正后的从机光谱矩阵:

$$X_{s,std} = X_s \times F \tag{6-21}$$

虽然该法假设不同仪器之间光谱的关系是线性的,但仍能校正一些非线性变化。在计算 F 时所做的假设是由于仪器差异造成的光谱变化,然而,由于通过 PCR 或 PLS 求得最小二乘解的转换矩阵 F 中校正了大量的化学信息,样品信息的变化也会被校正到模型中去,因此 F 就不只反映了仪器差异。此外,由于样本波长点数远远多于标准化样本个数,在计算 F 时有可能会存在过拟合的风险。为了解决这类问题,一种多元全谱标准化的方法即 PDS 算法顺势而生。

(2) 分段直接标准化(PDS)算法

PDS 算法与 DS 算法的原理基本相似,其所需标准化样本少,同时考虑到这样一个事实:对于同一样品在两台仪器上测得的两条光谱数据,波长点的漂移通常只局限于一个小的区域,而且在光栅的作用下,同一波长点的单色光常会出现重叠现象,能被若干个相邻波长点接收到。因此,主机上的每个波长点只与从机上相应波长点附近的波长关联较大,而并非与全谱区的光谱点都关联。

具体步骤如下。

步骤 1:在从机光谱上第 i 个波长点附近扩展一定范围开设窗口 $[(i-k)\sim(i+w)]$,令 Z_i 表示从机上从 $(i-k)$ 到 $(i+w)$,共 $(k+w+1)$ 个波长点的吸光度矩阵,

$$Z_i = [A_{s,i-k}, A_{s,i-k+1}, \cdots, A_{s,i+w-1}, A_{s,i+w}] \tag{6-22}$$

步骤 2：将主机光谱上第 i 个波长点的吸光度 $A_{m,i}$ 与 Z_i 构造一个多元回归模型：

$$A_{m,i} = Z_i \times b_i + e_i \tag{6-23}$$

此方程由 PLS 方法求解。

步骤 3：将所有的回归系数 b_i 置于转换矩阵 F 的主对角线上，并将其他元素置为 0，这样得到一个对角矩阵 F。

$$F = \begin{pmatrix} b_1^T & 0 & \cdots & 0 \\ 0 & b_2^T & \cdots & 0 \\ \vdots & \vdots & \vdots & \vdots \\ 0 & 0 & \cdots & b_p^T \end{pmatrix} \tag{6-24}$$

式中，p 为波长点数；b_i^T 是一个行向量，这样可得转换矩阵 F。

步骤 4：将从机上测得的待测样品光谱 X_s 通过转换矩阵 F 即可得到标准化后的从机光谱 $X_{s,std}$：

$$X_{s,std} = F \times X_s \tag{6-25}$$

由于 PDS 算法本身的缺陷所在，从机光谱的末端不足以形成一个完整的窗口，这种情况下，一般舍去光谱末端的数据或者使用外推法求得。

PDS 算法作为目前应用最广泛、最经典的模型传递方法之一，也有不足之处，如：① 计算量大，需要计算非常多的多元回归模型。② 窗口宽度和主成分个数的选择都得靠先验信息。③ 光谱中噪声和干扰信息的影响常导致过拟合校正的现象。

4. 模型验证方法

在模型建立或转移完成后，需要对模型进行验证，以提高模型的预测能力。前面章节已提及模型验证的部分内容，在实际过程中，模型验证可分为内部验证和外部验证。如预测模型的数据和验证数据是同一个数据，属于内部验证，这样建立的模型预测能力尚可，但不是最佳，常用的内部验证方法如下。

（1）留一法或留多法

每次从训练集样品中取出一个或多个样品（当作预测集），然后用剩余的样品建立模型，并用建立的模型预测原来取出的一个或多个样品。重复上述操作,直至训练集中的每个样品都被预测检测过一次为止。类似地,如半折交叉验证法和十折交叉验证法(10-fold cross validation)。半折交叉验证法即将原数据分为两部分,分别作为训练集和预测集,互相验证。十折交叉验证法即把数据分成 10 部分,用其中 9 部分数据作为训练集,另外 1 部分作为预测集,这样依次做 10 次训练和预测,可得到相对稳定的模型。

(2) 自助法(Bootstrap)

自助法也可翻译为自举法。常规的自助法是生成一系列自助伪样本,每个样本是初始数据有放回抽样,用于建立模型,获得统计分布,再使用原数据进行模型的验证;比如做 500~1 000 次自助抽样,可以得到 500~1 000 个模型和模型的参数分布情况,以此确定最终的模型参数值。随着科技的发展,自助法是近年来迅猛发展的一种方法,研究已经证明,采用该方法得到的模型稳定性高于留一法,在样本量足够大的情况下,自助抽样能够无偏倚地接近总体的分布。

如果有条件,还是需要对模型进行外部验证,以提高模型的稳健性。模型在训练集内过拟合,准确率会偏高,而对模型进行外部验证,有助于在一定程度上消除过拟合。通常利用具有代表性和足够大的检验集(预测集)来对模型做外部验证,同时比较检验集的预测值和实验值。验证过程要求使用待测量已知的且为独立的几批检验样品集,最终对预测的检验集样品的待测值和实际值作线性相关,并用相关系数 R 和预测标准差来判断预测效果,要求 R 接近 1,且预测标准差逼近于校正标准差。此外,在模型检验方面,需要用到多种独立检验样品集,观察预测结果的标准差是否都在稳定的偏差范围之内。如果经外部验证确定数学模型预测的效果好,则可以考虑在近红外光谱分析中应用这些数学模型;如果测定的样品在时间和空间上有一些新的变化,原有的数学模型不适合此新条件,则需重新建立有代表性的校正样品集,然后再按照上述环节对数学模型进行修正与维护。

模型外部预测能力通过不同统计量或方法进行评价,这些统计量包括 Q_{F1}^2 和 r_m 等,其公式如下:

$$Q_{\mathrm{F1}}^2 = 1 - \frac{\sum_{i=1}^{n_{\mathrm{EXT}}} (\hat{y}_i - y_i)^2}{\sum_{i=1}^{n_{\mathrm{EXT}}} (y_i - \bar{y}_{\mathrm{TR}})^2} \tag{6-26}$$

$$r = \frac{\sum_{i=1}^{n_{TR}} (y_i - \bar{y}_{TR})(\hat{y}_i - \overline{\hat{y}})}{\sqrt{\sum_{i=1}^{n_{TR}} (y_i - \bar{y}_{TR})^2} \sqrt{\sum_{i=1}^{n_{TR}} (\hat{y}_i - \overline{\hat{y}})^2}} \qquad (6-27)$$

$$r_m^2 = r^2 (1 - \sqrt{r^2 - r_0^2}) \qquad (6-28)$$

式中,n 是样本数;m 是模型参数个数;$\hat{y}_i$ 是计算值;y_i 是观测值;$\bar{y}_{TR}$ 是训练集观测值平均值;$\overline{\hat{y}}$ 是计算值的平均值;n_{TR} 和 n_{EXT} 代表训练集和检验集的样本数。

　　然而,有研究团队指出仅靠化学计量学指示参数对近红外光谱分析模型进行评价存在一定局限性,即常规化学计量学指示参数是仅适用于常量组分分析而非微量组分分析的近红外光谱分析模型的评价指标。因此,有学者提出了多源信息融合的近红外光谱分析模型评价方法,多源信息融合包含了分析方法中的准确度、精密度、风险性、线性、定量限、检测限、不确定性和灵敏性信息的融合,将其引入近红外光谱分析模型评价中,有助于建立更准确、灵敏和可靠的近红外光谱分析模型评价。

　　准确度指在一定实验条件下多次测定的平均值与真值相符合的程度,其值的高低常以误差的大小来衡量。精密度是指多次测定结果互相接近的程度,通常用偏差(如相对标准偏差)来表示。以准确度和精密度两个指标来验证模型好坏,不仅可以对单纯定量模型进行综合性评价,而且可以对不同仪器上建模结果(类似模型传递)做出评价,从而消除了只以化学计量学指示参数评价指标的局限性,同时也可据此选择最优的仪器用于建模分析。

　　例如,图 6-16(a)(b)分别是选择两款仪器 A 和 B 建立的控制某片剂实际生产过程中颗粒水分含量的近红外光谱定量分析模型,可以根据所建模型的 RMSECV 值、RMSEP 值、相关系数 R 及 RPD 值对模型进行评价。从图 6-16(a)(b)可以看出,用仪器 A 和 B 建模的 RMSECV 值、RMSEP 值都很小,说明两个模型的预测能力都很好;仪器 A 和 B 的校正集的相关系数 R 都达到了 0.99 以上,说明所建定量模型的线性关系良好;仪器 A 和 B 的 RPD 值分别为 8.29 和 6.96,表明两者模型的预测结果良好,模型适用性强。如果想更深入考查模型的预测能力,可以借助准确度和精密度对两个模型做进一步的评价。

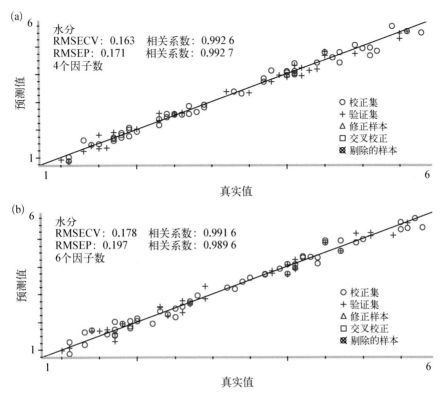

图 6-16　仪器 A(a)和仪器 B(b)建立的颗粒水分含量近红外光谱定量分析模型

验证指标 1：准确度

将验证集样本的参考值与预测值进行成对样本 t 检验，显著性水平设置为 0.05，仪器 A 和 B 验证集样本的统计学检验结果如表 6-3 所示，对于 T-统计量，仪器 A 中 $|t|=0.29$ 和仪器 B 中 $|t|=0.55$，都小于 t 的临界值 2.04（t 双尾阈值），所以仪器 A 和仪器 B 验证集样本的预测值与参考值无统计学差异，说明所建模型均有良好的预测性能。

表 6-3　成对样本 t 检验

	仪器 A		仪器 B	
	真实值	预测值	真实值	预测值
均值	3.166	3.157	3.175	3.195
方差	2.053	2.008	1.924	1.890

	仪器 A		仪器 B	
	真实值	预测值	真实值	预测值
观察个数	32	32	32	32
相关系数	0.993		0.989	
假设检验平均差	0		0	
自由度	31		31	
T-统计量	0.286 0		−0.550 7	
$P(T \leqslant t)$ 单尾	0.388 4		0.292 9	
t 单尾阈值	1.696		1.696	
$P(T \leqslant t)$ 双尾	0.776 7		0.585 8	
t 双尾阈值	2.040		2.040	

验证指标 2：精密度

精密度通常用相对标准偏差（RSD）来表示。对分析模型的精密度验证，可通过重复多次测量进行。每次测量前均需要重新装样，最后计算其重复性。取样本（批号：17＊＊51）按"近红外光谱的采集规范"进行操作，每次测量前重新装样并测定。重复操作 6 次，将光谱导入 NIR 光谱模型，通过模型预测得到每条光谱的预测值。计算 6 次预测所得到的 RSD 值。仪器 A 和仪器 B 所建模型的重复性为 2.0％和 2.7％，说明两种仪器所建模型重复性良好。

样品测定：取两个批次（批号：17＊＊52,17＊＊54），各 3 个样本，同时从建立模型的批次（批号：17＊＊51）样品中取 3 个样本，按"近红外光谱的采集规范"，采集所取样品光谱。将采集的光谱导入已建立的近红外光谱模型中得到对应的预测值，同时用快速水分测定仪测定每份样品的参考值。仪器 A 和仪器 B 所计算的结果见表 6-4。从表格中的数据可以看出，对于两种仪器采集光谱所建模型，建模批次样品和另外两批次样品的预测值与参考值没有明显差异，说明两种仪器采集光谱所建模型的预测能力良好。

表 6‑4   样本测试结果

批　　次	样本号	仪器 A 的预测值/%	仪器 B 的预测值/%	参考值/%
17 * * 51	1	3.33	3.60	3.5
	2	3.72	3.75	3.8
	3	3.97	3.72	4.0
17 * * 52	1	3.77	3.63	3.9
	2	3.38	3.58	3.5
	3	3.92	3.93	3.9
17 * * 54	1	3.42	3.47	3.4
	2	3.77	3.39	3.6
	3	3.54	3.57	3.4

　　综上可知,将两个模型的 RSD 值进行比较,仪器 A 采集光谱所建模型的预测准确度更好。对两个模型进行验证,重复性实验中,仪器 A(2.0%)所建模型优于仪器 B(2.7%)。通过预测结果可知,仪器 A 所建模型有良好的预测准确度(RMSECV 值、RMSEP 值更小,差异更接近)。综上所述,仪器 A 所建 NIR 光谱定量分析模型性能更好,为×××颗粒水分含量在线监测提供实验依据。

　　总之,一个没有通过严格内部验证和外部验证的模型,或仅通过留一法或留多法进行内部验证,不能保证模型对外部样本同样具有良好的预测能力。此外,如果只根据 R 值、RMSECV 值、RMSEP 值而忽视其他模型参数等指标对模型的验证是远远不够的。尤其是 R 值会随着样本量和自变量数的变化而变化,样本量不同时,不仅要关注 R 值大小,也要看显著性影响;样本量相同时,增加自变量数,R 值也会变大。所以 R 值可能并不能反映变量间的真实关系,有时候必须借助其他判别指标,去验证定量模型的稳定性和预测能力,如上文提及的准确度和精密度等,此外还包括如 Tropsha 方法和 Q_{F1}^2 等。因此,在定量模型的实际应用或解释之前,建议严格进行内部验证、外部验证、多指标综合评价。

(编写人员:陆　峰、陈　辉、唐文燕、周一萌)

第 7 章	过程分析技术相关的 确认与验证

【本章概要】 对于药品而言,确认与验证活动贯穿于产品研发、生产、流通等全生命周期过程中,其目的是证明有关操作的关键要素能够得到有效控制。过程分析技术作为一种先进制造技术的应用,在设备、工艺等方面与传统的药品生产工艺有着较大的不同,有效的过程分析技术应用更是贯穿于研发和生产两个阶段。本章着重探讨了使用过程分析技术相关的确认与验证和传统工艺相比需要注意的一些问题,主要涵盖了过程分析仪器的校准和确认、产品工艺验证、计算机化系统验证等方面的内容,提供了部分参考案例,如近红外光谱分析仪、拉曼光谱仪及相关的 SCADA、MES 系统等。

7.1　过程分析仪器的校准和确认

7.1.1　过程分析仪器的确认级别和范围

过程分析仪器一般是比较复杂、程序化程度较高的仪器,如拉曼光谱仪、近红外光谱分析仪等。复杂仪器一般包括仪器配置、控制软件、数据储存及处理等功能,对于从实验室类仪器衍生出来的过程分析仪器,通常可以参考《美国药典》第 1058 章"分析仪器的确认",将其分为 A、B、C 三类,其中 A 类不具备测量功能,通常只需要校准;B 类具有测量功能,并且仪器控制的物理参数(如温度、压力、流速等)需要校准;C 类通常包括仪器硬件和其控制系统(固件或软件),用户需要对仪器的功能要求、操作参数要求、系统配置要求等进行详细描述。A 类仪器是分析仪器中的一部分,但不属于过程分析仪器的范畴。

从广义上来说,B 类仪器与 C 类仪器均属于过程分析仪器。过程分析技术主要涉及较为复杂的分析仪器,有两个原因:① 像温度、pH 这样简单的测量早已被广泛应用;② 目前制药行业还不能做到产品生产的实时"过程控制",若真正做到"质量源于设计(QbD)",能利用更多像 pH、温度计这样简单的检测,就不需要拉曼光谱仪这类复杂的仪器通过"结果检测"既成事实的方式进行反馈控制。

因过程分析仪器用于工艺生产,因此其与实验室仪器的使用及需求可能略有不同,相关适用的确认、校验及维护的程度应根据具体的工艺要求来确定,但过程分析仪器的确认和验证应与其他常规仪器或设备一样,基于确认验证管理规程或验证总计划来实施和管理。例如,在线过程分析仪器验证应包括仪器检测系统、计算机化系统部分和样品进样可靠性三个方面,其中计算机化系统部分可参照计算机化系统验证方法进行分类和确认。

7.1.2　过程分析仪器的校准

过程分析仪器的校准通常可以分为内部校准和外部校准。内部校准是指由公司内部人员进行的校准活动,通常由具有资质的工程人员或实验室校准人员按照公司的标准操作规程执行,并填写相关校准记录或报告。外部校准是由具有校准资质的外部机构进行的校准,外部机构有国家法定的权威机构,如中国计量科学研究院、各省市的计量院;国外校准机构,如瑞士 SGS 校准机构、德国 DKD 和 PTB 校准机构;或有资质的仪器生产商等。

对于复杂的过程分析仪器来说,一般建议采用供应商或外部校准的方式进行校准。

1. 供应商及外部校准

外部校准通常可以由国家法定的权威机构,如有校准能力的省市计量院进行校准,但一些专有的、特殊的仪器,可以由有资质的第三方实验室或供应商进行校准。采用外部校准的分析仪器,外部校准机构应提供有校准结果且有可追溯性的证书,如国家强制检定、参比仪器的校准及由外部权威机构人员执行的其他校准等。必要时需对外部校准机构进行审计,校准结果需要由制药企业指定的校准负责人评估确认后,方可放行使用。

2. 推荐的校准周期

目前,过程分析仪器在制药领域主要用于对药品关键质量属性的检测,有的甚至替代实验室对成品的最终检验,因此,制药企业应当根据所检测指标对产品质量的影响程度来确定过程分析仪器合理的校准周期,影响程度大的,校准周期可相应缩短。对于国家强制校准的设备、仪器、仪表,应根据国家计量检定规程要求的周期进行校准。对于非国家强制校准的项目,校准周期和可接受标准应在仪器校准规程中详细规定,并由制药企业的校准负责人按规定程序执行。对于配置复杂的仪器,应选择仪器的关键参数进行校准,可以为不同的模块或校准点设置不同的校准间隔周期。此外,设定校准周期时还应考虑可适用的相关标准和法规、仪器的类别、供应商的推荐、相似仪器的历史信息和经验等因素。

7.1.3　过程分析仪器的确认

过程分析仪器的首次确认通常按照常规确认与验证的流程开展,包括确认方案、仪器选型与分类、安装确认、运行确认、性能确认和确认报告等。

仪器的性能确认和仪器变更后的再确认,还应包括系统适用性试验,需要注意的是仪器搭载的软件在变更后也需要进行再确认。按照《美国药典》的要求,系统适用性试验是样品检测流程操作中的一部分,需在每次检测样品前完成。

与常规传感器相比,部分依赖定量或定性模型的在线过程分析连续监测的仪器具有一定的特殊性,分析方法更为复杂;同时因需要连续运行监测,相对实验室分析仪器来说,对稳定性的要求更高。以近红外光谱分析仪为例,其校准参数通常包括波长的准确度、吸收或反射度的精密度、线性,以及最大和最小光通量处的噪声。应确认仪器自检时,除针对上述校准参数设计适当的指标外,还应充分考虑仪器在对样品分析的过程中波长的漂移和灵敏度的改变。

下面是以拉曼光谱仪为例,对设备的安装确认、运行确认及性能确认的主要内容进行介绍。

1. 安装确认

(1) 关联文件确认,用于确认关联文件的完整性和有效性,包括用户需求说明、功能设计说明、风险分析、供应商审计、软件设计说明、硬件设计说明、拉曼光谱仪手持机用户手册、软件放行证明等。

(2) 硬件安装确认,用于确认硬件的安装符合预期要求,确认内容包括仪器、控制系统和工作环境。仪器的确认项目包括编号、位置、厂家、型号、系列号、拉曼光谱范围、激光、准确性、信噪比、工作距离、光谱仪连接接头、激光功率、探测器、激光时长、电池、外部电源、尺寸、防护级别、质量、测量附件、标准品、工作环境等；控制系统的确认项目包括显示、接口、摄像头、CPU、内存、通信方式等；工作环境的确认项目包括温度、相对湿度、噪声测试等。

（3）软件安装确认，用于确认软件的安装符合预期要求，确认项目包括操作系统、拉曼光谱仪采集软件、软件安装程序、安装过程核实、软件备份位置等。

（4）拉曼光谱仪的校准确认，用于确认拉曼光谱仪已根据可追溯的标准使用经批准的程序进行了校准。

2. 运行确认

（1）培训确认，用于确认仪器使用、维护等相关的培训已经完成，所有负责系统运行和维护的人员均已经过适当的培训。

（2）仪器登录功能确认，用于确认设备登录功能可以正确执行。具体测试方法包括启动程序，在用户登录界面选择并尝试以操作员身份登录，先后输入错误和正确的登录口令；不登录网络账号时，尝试本地账号登录等。

（3）仪器模块功能确认，用于确认设备模块功能可以正确执行。需要确认的功能包括进入检测模块和采集参数页面的权限，参数的设置保存，以50%功率检测的标准时间、功率恢复到原始值检测的标准时间、对比功率调整前后记录，功率应可调，进入检索方法页面的权限、检索方法设置、进入检索范围页面的权限，谱库检索范围设置，用户可输入物料相关信息（包括名称、批号、物料代码），进入扫描功能的权限，扫码后系统自动将信息填入对应的输入框，各信息的扫码数据的正确性，可自动采集数据，显示匹配结果、数据完整正确地上传等。

（4）谱库类别模块功能测试，用于确认谱库类别模块功能可以正确执行。需要确认的功能包括进入谱库类别模块的权限、新增谱库设置、采集参数设置、建库参数设置、手工同步谱库功能、谱图比较功能、谱图上传功能。

（5）记录模块功能测试，用于确认记录模块功能可以正确执行。需要确认的功能包括进入记录模块的权限、搜索检测记录功能、记录查看功能。

（6）设置模块功能测试，用于确认设置模块功能可以正确执行。需要确认的功能包括进入设置模块的权限、权限设定功能、参数设定功能（检索参数、仪器参数、建库参数)、谱库管理、激光器校准参数、网络通信参数、审计追踪日志功能等。

(7) 软件升级功能测试,用于确认软件升级功能可以正确执行。需要确认的功能包括自动升级功能的开启和禁止。

(8) 电量显示和电量过低报警功能测试,用于确认设备电量显示和电量过低报警功能可以正确执行。

(9) 标准操作程序和内部文件确认,用于确认系统所有适用的标准操作程序和内部文件已完成编译并获得批准。

3. 性能确认

(1) 性能确认执行的前提确认,主要包括软件环境是否具备,控制软件、系统等是否完成确认,相关仪表是否完成校验。

(2) 产品扫描图谱测试,主要用于测试各手持终端、各激发波长针对不同的产品进行正确的图谱采集,与内建图谱进行对比,并打印出结果。

(3) 多晶型挑战测试,主要用于测试仪器能否通过内建模型有效地辨识产品晶型。

(4) 试运行性能监控,使仪器进行 3 周的连续运行(或至少 100 批次的检测),汇总系统此阶段内的运行数据,评估系统能否稳定运行。

7.1.4 过程分析仪器控制软件的确认

同实验室分析仪器分类一样,参考《美国药典》第 1058 章"分析仪器的确认",将过程分析仪器的控制软件分为 3 类:第 1 类是固件系统;第 2 类是仪器控制、数据获取和处理软件;第 3 类是独立软件。其中,第 1 类软件固件系统是直接写入仪器集成芯片的系统,通常无法改变,因此仅需要记录固件系统版本号,如通过专用工具对固件系统进行升级时,应通过变更控制系统进行。第 2 类软件通常安装在与仪器连接的上位机上,比如 HPLC 的化学工作站、UV 的操作软件等。仪器的操作、数据的获取和处理都通过软件人机交互界面上的操作完成,只有很少的操作是直接通过仪器硬件来实现的。通常来说,因第 2 类软件和仪器的功能结合非常紧密,软件的安装和运行确认可在仪器的确认过程中同步进行,只有在软件重新安装或升级时,或者网络管理级别(如网络版软件控制多台仪器)的软件部署时,或者使用专有的软件时,才单独对软件进行确认。第 3 类为独立的软件系统,例如 LIMS、实验室色谱处理系统等的确认可参照质量管理体系中计算机化系统的验证。

过程分析仪器通常属于第 2 类和第 3 类软件,对于第 2 类软件而言,过程分析仪器的软件更倾向于专用软件,因此,也应该进行单独的软件安装确认和运行确认,确认方法可以参照本章 7.3 计算机化系统验证。

7.2 产品工艺验证

对于连续制造或部分单元连续制造的工艺来说,工艺验证工作的挑战与传统的工艺验证相比存在着巨大的不同。传统的工艺验证本质上主要是基于质量控制的操作,如果日常生产中的工艺条件不发生变化,这种方法是可行的。但是,采用过程分析技术的生产和连续制造单元,工艺条件可能会发生变化并实时进行工艺改进。在这种情况下,传统的工艺验证方法对于工艺的稳定性和可靠性不会有帮助,还往往无法对工艺能力改进的过程进行确认,产品质量问题较晚才能被发现,容易导致批次产品的返工或报废。

过程分析技术可从根本上促进对工艺过程及其控制有更好的理解,但挑战在于需要确定采用先进的在线光谱分析仪器和质量反馈控制系统来确保产品质量是否可取代工艺验证。这可通过对固有的工艺能力加以确认,进而对固有的工艺能力可通过连续获得认可的批次产品持续加以验证。

对于使用过程分析技术的传统工艺来说,可能仅仅是监测部分关键工艺参数或关键质量属性的手段发生了变化,由原先的离线检测变为在线监测,如用于部分中控检测项目,对于成品检测和放行仍采用传统的工艺要求,此类工艺验证的方法仍可参照 FDA 工艺验证指南的要求进行,对于其中涉及使用过程分析技术的部分,可以重点关注相关检测项目的分析方法验证。

7.2.1 工艺设计和控制策略的确定

工艺设计包括工艺开发和建立控制策略,其研究工作包括设备和自动化系统设计、输入物料属性的评价、工艺动力学和变异、物料分流策略或规程的制订、工艺监测与控制,以及其他控制策略要素等。这些设计和控制策略的确认对制造工艺、操作质量预期的基本理解,以及确认工艺的稳健性至关重要。

使用过程分析的控制方式在控制点的选择上应从控制点可能失控的风险角度,考虑最小工艺稳健性、潜在变异等方面,选择最高敏感度的参数进行监控。

7.2.2　评估工艺中的变异

工艺性能确认证明了在完成工艺开发和集成设备自动化认证后工艺制造过程的稳健性和控制策略的充分性。应利用从过程设计和设备中获得的知识,对工艺性能确认方案进行设计,将方案用于已知变异来源的稳健性的评估。

7.2.3　关键质量属性和关键工艺参数的确定

关键质量属性和关键工艺参数的选择是控制策略的一部分,可参考 ICH Q8、Q9,通过质量风险管理的方式来确定。例如,口服固体制剂中常见的关键质量属性为影响药物纯度、强度、释放和稳定等性能的属性,但对于使用过程分析技术的工艺而言,还需要考虑工艺监测数据采集对产品质量的影响,如近红外光谱检测探头安装位置是否影响产品质量,需要选择合适的工艺监测方法来降低因此带来的产品质量风险。可参考第 4 章应用过程分析技术的产品和质量指标选择和第 8 章过程分析技术相关的质量风险管理。

7.2.4　工艺目标值和验证标准范围的确定

在确定工艺控制策略、关键质量属性和关键工艺参数后,通常应当建立工艺参数可接受范围或限度,但是和传统的工艺验证相比,使用过程分析技术的工艺可能是基于关键质量属性(CQA)的一个反馈控制,即通过光谱确定一个 CQA 的模型,用于持续地监测和控制关键质量属性。工艺参数是一个动态变化的变量,因此,应首先确定关键质量属性的变动范围,然后在工艺开发阶段利用 DOE 方法(单变量或多变量模型)确定关键工艺参数的操作范围,同时还需要考虑设备的约束情况,综合确定工艺验证的标准范围。

7.2.5　工艺验证的执行

1. 相关设施、设备和仪器的确认

相关设施、设备和仪器的确认、验证活动可参照 ASTM E2500 – 13《制药、生物制药生产系统和设备的规范、设计和确认标准指南》来执行,使用杠杆化和合理化的方法来提高确认的效率。例如,可以通过定义关键和非关键项目、增加设计时间、标准化文档、利用供应商调试文件、利用风险分析减少测试数量、使用模拟方式减少测试数量等提高确认的效率。

相关设施包括厂房和公用工程,这些设施的确认活动应该在工艺验证前完成,以确保相关设施可以提供符合工艺操作要求的环境和条件。还应根据预期的商业生产负荷来确认设备或系统的功能,以及这些设备或系统在预期的生产条件下的干预、停止和启动性能。

相关设备和仪器包括应用过程分析技术且与工艺控制策略有关联的设备和仪器,如混合设备及近红外光谱检测器等。这些设备应该在设计或选型阶段就充分考虑工艺的适用性,在确认阶段还应考查设备故障的处理、长时间运行的能力,以及如何监测设备性能,确保设备的稳定性和连续监控能力。与设备和仪器配套的软件确认可参见本章7.3计算机化系统验证。

2. 工艺性能确认

工艺性能确认(PPQ)是工艺验证执行的关键要素,需要结合相关设施、设备和仪器,培训过的工作人员,控制策略、使用商业化生产的模式来进行,以确认工艺性能和预期的商业化生产一致。

工艺验证和工艺性能确认的目的是为工艺可重现和始终如一地产出优质产品建立科学证据,因此在 PPQ 阶段,需拥有较高的取样和额外检测水平,以及更详细的工艺性能核查。在应用了过程分析技术的工艺过程中,一般都采用可实时检测物料或产品多种属性的手段,并可通过实时控制环路根据检测到的属性变化对工艺进行调整,以保证产品的质量。因此工艺性能确认阶段应集中于监测物料的仪器或系统,以及相应的控制策略方面。例如,过程分析相关检测的分析方法验证、仪器的波动性造成的干扰、不合格物料的检测和处理及相应的控制模型。同时,也可以通过传统的离线检测方法对工艺进行进一步确认,这可以在工艺验证中持续进行。

对于仅使用连续监测仪器的系统,如使用整合的在线 HPLC 或 UPLC 装置同步监控产品的纯度,或使用整合近红外光谱分析仪的反应器监控产品的某项属性时,可以集中于检测分析方法验证、仪器准确度和扰动性方面。对于使用连续工艺装置的系统,如连续制粒、压片生产线,集成了连续物料管道、各类型的实时检测仪器,监控物料属性(水分、片重、厚度、硬度等),还应关注清洁验证,需开展风险评估,对设备、管道、仪器之中的物料残留和堵塞风险,是否影响产品质量或检测器性能等方面进行验证,并确定是否可通过更换设备、调整清洁频率、缩短保养周期等方法来增强工艺的稳定性。

3. 分析方法确认

分析方法确认作为工艺验证的一部分,在使用过程分析作为检测手段时,更应该予以关注。如使用近红外光谱分析方法进行水分含量测定时,可参考《中国药典》2020年版"9104 近红外分光光度法指导原则"开展方法学验证。除了参照传统的分析方法考虑专属性、线性、准确度、精密度和重现性外,还应重点考虑近红外光谱模型的验证,充分考虑用于建模的物料来源和性质,对已建立的模型进行维护和更新,必要时进行再验证。如更换检测仪器时,应考虑模型转移的验证,评估已建立模型仪器和未建立模型仪器的各类参数差异对模型的影响,利用不同仪器获得的光谱预测结果,进行统计学检验,以确证该模型在其他仪器中使用是否有效。

7.2.6 工艺扰动测试

工艺扰动测试通常适用于连续制造系统,在正常操作期间,一组关键工艺参数、关键质量属性保持在目标值附近,并有可能会发生瞬态扰动。另外,在发生工艺操作过渡时,如开关机或操作条件改变时,会发生扰动。通过使用过程分析技术进行高频检测和控制,可以减少扰动造成的稳定性风险,如用近红外光谱监测混合器内颗粒的水分以反馈至进料器,从而控制含量的稳定,应通过扰动测试来验证控制的稳定性、不合格物料的分流、物料的追溯性等。对于没有质量反馈控制的非连续工艺系统而言,工艺扰动测试主要应用于验证不合格物料的剔除。

7.2.7 涉及实时放行检测的工艺验证

使用过程分析工具监测可以在生产过程中生成大量的实时工艺数据和质量数据,用来支持实时放行检测。虽然目前成品的实时放行检测不一定满足现行的药品监管要求,但作为中控检测是完全可行的,如用近红外光谱检测总混颗粒的水分含量、原料药含量等。如果采用 RTRT 作为控制策略的一部分,应特别考虑取样策略,所选择的采样量或采样频次应具有批次代表性。首先可使用统计学方法(如自助分析)确定可用于实时放行检测的最小样本数,从而计算出需要的采样频率,例如,用近红外光谱检测颗粒水分含量的最小样本量为不低于 50％的可实现目标样本量时，可得出目标采样速率为每分钟 1 次。在工艺验证中，应对选择的采样量或采样频率进行确认。

7.3　计算机化系统验证

7.3.1　验证的基本方法

计算机化系统验证方法通常参考由国际制药工程协会（International Society for Pharmaceutical Engineering，ISPE）2008 年出版的《良好自动化生产实践指南》（Good Automated Manufacturing Practice，GAMP）第 5 版，简称为 GAMP5，该指南已在国际上得到广泛认可，是较通用的计算机化系统验证指南。

1. 质量风险管理和评估

质量风险管理工作应贯穿计算机化系统的整个生命周期，因此系统验证的范围和程度也应当基于科学的风险评估得出。具体的风险评估方法应包括两个步骤：首先是初始风险评估，即评估该系统是否与 GxP 相关，如果与 GxP 有关，应当纳入计算机化系统清单进行管理并考虑验证；其次，对需要验证的计算机化系统进行功能风险评估，评估系统功能对患者安全、产品质量、数据完整性三个方面的影响，以识别出需要验证的功能。对于制药企业来说，系统中通常可能带来重大影响的功能包括生成、处理或控制用于生产的关键参数或数据，或提供用于产品放行的数据等。同时，对工艺的理解也非常重要，只有识别出影响产品质量及产品安全的关键控制点及关键参数，才能更好地验证计算机系统是如何为这些控制点及参数提供支持的。企业可以根据相关法规和指南、对工艺的理解及系统特点制订合理的风险评估流程（图 7-1）。风险评估的结果可以用来确定软件分级、系统功能设计、验证范围、操作规程等。

软件分级是计算机化系统验证中的一个关键环节，需结合系统风险评估的结果来确定。软件分级的结果直接影响计算机化系统验证活动的广度和深度，这决定了系统的稳定性程度，对产品质量也能产生间接的影响。

GAMP5 中根据软件特性将软件分为 4 类：基础设施软件（1 类）、不可配置软件（3 类）、可配置软件（4 类）和定制软件（5 类）；《美国药典》第 1058 章"分析仪器的确认"中将仪器设备分为 3 类：A 类（仪器设备）、B 类（测量仪器）、C

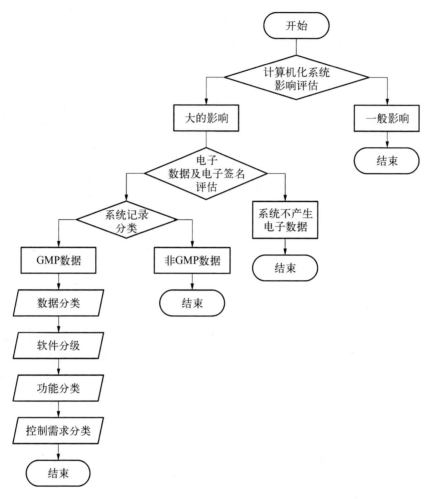

图 7-1　风险评估流程

类(含软硬件的复杂系统);GAMP 系列指南实验室检定设备中又将实验室计算机化系统细化分为 A~G7 类。企业可根据所采用系统的特点和功能将计算机化系统分为信息化系统、工业控制系统、实验室分析仪器、常规仪器仪表等,但为了统一理解,软件分级方法还是根据 GAMP5 来进行。

　　值得注意的是,对于典型的过程分析应用而言,企业可能会需要采用某些复杂的系统,如数据采集与监视控制(SCADA)系统或制造执行系统(MES)。此时,根据企业具体应用的不同,可能存在组合使用 COTS(商用现成品)软件和定制代码的情况,这种情况下,如果企业是对整套系统进行分级的,将系统划分为 3 类或 4 类时,可能导致部分影响 GxP 的关键功能没有得到验证,而将系统划分为 5 类的话,则又可能大大增加验证工作的复杂程度和难度。无论是哪种情况,都会给患者安全和产品质量带来一定的风险,因此需要确保有适当的专业人员协助,对复杂的计算机化系统的各个功能模块进行分级评估,以确保影响 GxP 的关键功能都能得到验证。

以拉曼光谱仪为例,其硬件(表 7－1)和软件(表 7－2)分类如下。

表 7－1　硬件分类

硬　件　名　称	类　别
拉曼光谱仪	类别 2
网络、服务器等计算机其他部分组件	类别 1

表 7－2　软件分类

软　件　描　述	软　件　名　称	类　别
拉曼光谱仪采集软件		类别 3
操作系统	Android 操作系统	类别 1
拉曼光谱仪管控系统		类别 4 或 5
数据库管理软件		类别 1
操作系统	Windows Server 操作系统	类别 1
Web 应用服务器		类别 1
Windows 组件		类别 1
JAVA 虚拟机		类别 1
数据库导入辅助工具		类别 1

2. 供应商的管理

供应商的选择和审计通常根据软件分级的结果进行,对于复杂系统的供应商一般需要进行审计,评估供应商的质量保证系统、软件开发资质、开发团队和能力等,企业需要根据法规相关要求和自身需要,提出明确的需求,包括供应商需要提供的验证文件、验证服务、维护服务或长期派驻服务等。企业的责任在于提出具体的系统功能、验证及维护方面的需求,供应商可以利用自身的专业能力帮助企业完成。

制药企业普遍认为在计算机化系统验证方面存在较大困难,供应商的作用确实非常重要,对此,GAMP5 也指出在验证活动中要充分利用供应商的优势。除进行书面审计外,可以考虑进行现场审计,建议选择有成熟应用案例的供应商,对其软件实际应用现场进行考察。当企业不具备供应商管理相关能力,委托第三方咨询机构进行管理时,需签订相关协议,明确其资质能力和双方职责。供应商审计方法可参考 GAMP5 附录 M2"供应商评估部分"。

3. 软件测试方法

软件测试方法根据风险评估和软件分级的结果来确定,常用的软件测试方法风险分级如表 7-3 所示。

表 7-3　软件测试方法风险分级

	基础设施软件 (1 类)	不可配置软件 (3 类)	可配置软件 (4 类)	定制软件 (5 类)
高风险	记录版本和 配置环境	功能测试	功能测试 挑战测试	代码审核 功能测试 挑战测试
中风险			功能测试	代码审核 功能测试
低风险				

功能测试又称为"黑盒测试"。功能测试面向实际操作用户,用于验证程序的功能是否符合预定的用途;与之对应的是"白盒测试",用于验证程序源代码的内部逻辑结构是否正确,面向程序开发人员,代码审核是一种静态"白盒测试"的形式。挑战测试是指边界值的测试,用于验证在输入边界值条件时,程序是否能按预定的用途正常运行,这是"黑盒测试"的一种形式。

对于高风险的 4 类和 5 类软件,功能测试和挑战测试是用户在验证过程中需完成的基本工作,而代码审核部分一般在开发过程中由代码编写人员进行,用户可通过供应商评估的形式对软件开发过程中程序测试相关的文档进行审查来实现。

部分关键的计算机化系统对药品的生产质量影响很大,而这些系统通常又是比较复杂的信息化系统(如 SCADA 系统,MES),工程和验证的实施周期很长,需要分期实施或和人工系统并行运行。因此类系统自身功能和工程实施的复杂性,故常常会出现经过验证后仍然会有各种问题和差错的情况。通常原因包括软件开发/配置不合理或不充分,系统缺陷(如静态数据错误、服务器负载过大),验证阶段确认不充分导致无法发现缺陷,变更评估和测试不充分影响了变更范围内或范围外的其他系统部件/功能,系统使用时间过长导致系统负荷过大、硬件性能下降等。

此类系统的验证首先应从系统设计上进行确认,考虑系统设计是否符合相关的软件设计标准,如 MES 是否遵循 ISA S95 标准、生产批处理控制系统是否遵循 ISA S88 标准等,在设计确认阶段降低软件冲突的风险。其次在测试阶段除了正常的逻辑流程测试外,还应增加异常逻辑处理测试、接口测试等,测试应尽可能地覆盖在使用过程中可能出现的各种异常情况,并能做出正确应对。在正式环境中与人工系统并行测试是十分必要的,平行运行的内容均可作为验证和测试的一部分。复杂系统的验证流程可参考图 7-2。

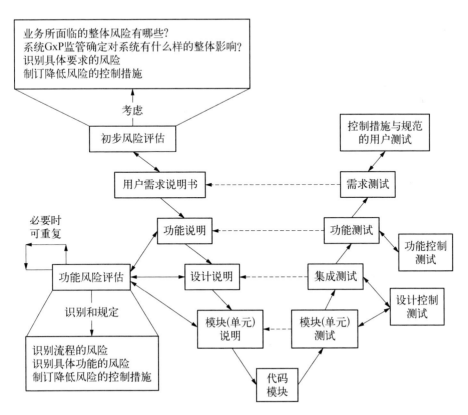

图 7-2 复杂系统的验证流程

4. 变更控制和配置管理

计算机化系统的所有组成部分都应在变更控制和配置管理的条件下得到维护。计算机软件的正常运行是基于特定的硬件条件和软件环境下的,硬件条件包括 CPU、内存和存储空间等,软件环境包括基础软件(如操作系统、数据库)、其他软件(如 Office)和第三方运行库等。企业要理解配置管理、版本管理的重要性,必须在验证阶段详细记录各硬件的型号、规格,各软件的版本信息。对于软件出现的任何升级和变更都需要按照预定的操作规程进行并记录,以确保计算机化系统持续保持验证状态并正常运行。

以拉曼光谱分析管控系统平台为例,软件安装确认中需确认使用到的软件和使用环境,包括生产商、操作系统软件的版本、应用软件版本等。主要的软件配置管理包括:NET Framwork 版本、Windows Service 的配置、JAVA 虚拟机的配置、压缩包文件的配置、环境变量、数据库环境、管控平台数据库、Web 服务器、Windows 防火墙设置、接口协议、备份环境等。

5. 权限管理

权限管理包括操作系统的权限管理和应用软件的权限管理,是计算机化系统验证和相关法规的基本要求。验证活动中必须针对性地验证各用户级别的权限列表,特别是与 GxP 相关的关键功能,如关键参数修改、检验方法修改等,应根据不同的软件功能来确定操作权限。需注意的是,权限列表中还应合理指定操作系统的最高权限,防止出现操作人员修改系统时间或删除文件的情况。

6. 数据接口测试

计算机化系统中的数据除了人工录入的数据以外,通常还有由仪器、设备采集并自动录入的数据。因此在系统验证中一方面应对相关的仪器和设备进行验证,另一方面还应对数据采集之后的数据传输过程进行完整性检查。由自动化设备采集的数据的完整性检查可通过回路校验的方式,或者通过行业标准的通信协议来完成。对于复杂的 SCADA 系统或 MES 的数据传输,还需要考虑软件的数据接口测试。

7. 时间同步确认

系统应具备时间同步的功能并进行验证,以保证在生产活动过程中,产生数据的时间同步。如果系统不具备时间同步的功能,也至少应在验证阶段对系统时间进行校准,并制订相应的校准规程。

8. 数据的备份与恢复

数据的备份和恢复是非常关键的流程,必须进行确认,同时需要充分理解数据备份对存储介质的要求,如移动硬盘、光盘等,并对其进行管理。通过网络备份的数据,需要进行数据传输和接口的测试。

9. 审计追踪

计算机化系统中对于关键数据的相关操作(如参数修改、录入关键数据等)通常考虑建立数据审计追踪系统,用于记录数据的输入人员身份和修改数据的理由。如系统不具备数据审计追踪的功能,应根据风险评估的结果,考虑是否可以采用人工的方式进行记录,并制订相应的规程。同时,应考虑对数据进行保护以防止非授权的操作和意外的修改,可通过锁定数据文件防止数据被覆盖和删除。

10. 电子记录与电子签名

电子记录和电子签名的要求一般参考相关的法律法规,如我国的《中华人民共和国电子签名法》、美国的《电子记录与电子签名法规》等。实际应用中,应根据具体应用进行风险评估以确定相应的电子记录管理控制措施,例如审计跟踪和归档等。并不是所有的电子记录都需要审计跟踪、归档和电子签名,只有与工艺性能、产品质量或产品安全性有关的关键数据才必须考虑采用这些措施。对于非关键数据,系统记录日志基本上可以满足一般审计追踪的要求,而特别关键的记录则可能要求对每个记录实施电子审计追踪。

7.3.2　过程分析技术应用的典型计算机化系统结构

过程分析技术系统的拓扑结构随着其支持的具体工艺需求不同而有所不同。图 7-3 为 PAT 系统的拓扑结构。其组成部分有数据采集(工艺测量)、化学计量学(多变量数据操作)、在线预测(产品模型)、用户报告(同期报告)、数据历史记录器(归档)、与其他系统的接口。

数据采集工作由仪器完成。对化学计量学、在线预测与用户报告的支持通常来自某些类型的 SCADA 系统、MES。数据历史记录器可能成为一种独立接口的应用,以便为与其他系统的信息交换提供支持。非接触测量的传感器技术的开发和实现极大地促成过程分析技术系统应用的实现。非接触式仪器的传感器技术包括近红外和拉曼光谱学、紫外-可见光谱学、声发射光谱学、粒径特性描述、X 射线断层摄影术、NMR、质谱分析法。仪器的选择将取决于

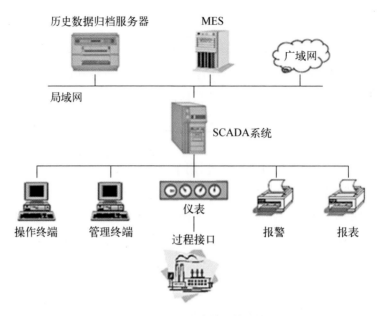

图 7 - 3　PAT 系统的拓扑结构

需要接受检测的物质特性。物质特性可以划分为物理结构、化学特性和均匀性这几类。对于工艺性能的测量,应重点关注对最终产品质量产生影响的关键工艺参数。

　　化学计量学可以提供一种以同步的方式分析样品数据来优化工艺的方式。数据源可以是光谱源、湿法化学或这两者的组合。化学计量学使用多变量的多维数据来生成特定于产品的模型。这类模型作为对未来的数据进行比较的基础,可以同时进行定性和定量的预测。特定于产品的模型需要对最初的模型创建到审批、使用、优化及最终的模型撤回和归档进行管理。来自不同传感器的数据必须整理出来,并构建到其支持的产品模型当中。随着有关某一工艺的知识体系的不断增长,可以使特定于产品的模型优化起来,甚至变得更为稳健。

　　在线预测可以预测潜在的产品报废情况,从而促成干预,及时地采取纠正措施以避免最终产品报废。报废的原因可能是产品超出标准,或者模型过于敏感。应分析与过于敏感的模型相关的数据,用于模型的优化。在模型达到充分的状态后,即可作为产品在监管机构登记的一个组成部分。

　　过程分析技术的操作人员不仅会对提醒和警告做出响应,而且同时会与操作的工艺进行互动。因此,需要对产品分析进行实时报告,立即做出关键的质量决策。趋势分析可为进行中的制造提供主动的管理与优化。同时需要将潜在的海量数据归档,满足对电子记录的监管要求。对于需要长期存储的海量数据,在充分了解了相关的关键参数的构成因素后,可以显著地减少数据归档的工作量。

7.3.3 过程分析仪器的数据完整性确认

过程分析仪器采集的数据依赖于相应的仪器软件或系统,数据完整性主要体现在数据接口测试方面,可参见本章 7.3.1 节中的"数据接口测试"。对于使用控制软件的仪器,可在过程分析仪器的控制软件确认中进行,对于使用 SCADA 系统/MES 等系统进行管理的,可在相应的系统中对数据接口进行测试。

7.3.4 SCADA 系统的验证

1. SCADA 系统简介

SCADA 系统一般通过对生产车间的生产设备和公用工程等生产过程数据进行采集,实现集中监控,将实时数据存储到实时数据库,以进行数据分析与追溯,实时了解生产状况,监督生产过程。传统生产中生产现场数据存在信息孤岛,生产管理的各个环节依靠纸质记录流转,可能出现脱节状况,而应用 SCADA 系统能使管理人员及操作人员及时方便地获取相关信息,在生产管理中及时做出准确的响应。

SCADA 系统可以实现对不同车间生产设备的分散控制,利用不同类型的通信协议和设备驱动,实现从各种类型的控制系统、生产设备 PLC 或自控仪表中采集所需的数据,经过工业环网完成出产进程数据的传输,并存储于服务器数据库中,同时发挥数据统计分析功能,实现集中监控、报警、趋势图查询、报表生成等目标,帮助完成生产现场调度、管理、监控报警等任务。

从结构上来说,SCADA 系统包含一个以客户机/服务器和浏览器/服务结构相结合的分布式网络系统,通过工业级交换机连接生产现场设备(PLC、通信计算机)、输入输出服务器、操作站,将采集到的生产过程工艺参数、设备及公用系统的运行参数等数据上传至 SCADA 系统,各参数自动存储到实时数据库中,通过客户端进行数据的集中展示,并通过数据分析功能实现集中监控和远程管理。

2. SCADA 系统验证的实施

以口服固体制剂生产车间的 SCADA 系统为例,SCADA 系统采集的数据可来自的系统和设备包括空调净化系统、全自动提升混合机、多功能流化床、对流式洁净烘箱、高速旋转式压片机、高效包衣机、全自动高速泡罩包装机、装盒机及高速检重秤等。SCADA 系统的验证通常可参照一般计算机化系统所要求的软件测试、权限管理、数据备份、时间同步、审计追踪等测试要求进行。除此之外,与过程分析技术应用最直接相关的部分是数据采集与传输接口,因此接口确认是 SCADA 系统验证的重要部分,通常分为数据采集器配置和设备/客户端配置,表 7-4 和表 7-5 显示了典型的服务器和设备接口信息。

表 7-4 数据采集器配置表

序号	设备名称	设备代码	IP 地址	数据采集器		
				采集驱动	通道	设备
1	空调净化系统					
2	高速旋转式压片机					
3	多功能流化床					
...	......					

表 7-5 通道配置信息表

通道名	属性类型	参 数 名	参数内容
×××	基本信息	名称	
		描述	
	通道配置	厂家	
		规约	
		端口	
		远程 IP	
		远程端口	
	高级参数	链路接收超时/s	
		扫描间隔周期/ms	
		故障检测超时周期/s	

7.3.5　MES 的验证

1. MES 简介

MES 可视为企业管理计算机化系统中计划层和控制层之间的执行层应用,它通过与 ERP 系统、SCADA 的对接将生产计划和车间作业现场设备控制连接起来,实现生产调度、工艺管理、质量管理、设备维护、过程控制等环节的数据共享,将制药生产各环节的人员、设备、物料、环境、规程进行有机结合,实现整个生产过程的规范化、电子化、可视化,确保生产数据的可靠性和完整性。MES 的任务单元一般包含工艺与配方管理、生产计划管理、生产计划执行、过程质量管控、配料复核及物料管理、电子批记录、现场设备数据采集及监控等。

MES 根据批准的工艺规程建立工艺配方并对过程变量进行定义,通过采集生产过程中设施设备的信息来完成生产执行过程中总过程变量超限产生的报警及偏差的提示和响应,用户在客户端进行操作记录的填写,形成电子批记录。

2. MES 验证的实施

以口服固体制剂生产车间的 MES 为例,MES 应符合 ISA S95 标准中结构化、对象化、集成化的工厂建模技术和理念,符合 ISA S88 标准中与工厂建模技术紧密集成的批次控制、批次跟踪、批次分析的理念,并应基于服务架构及 J2EE 为系统提供开放和标准的接口,与现有 IT 架构进行无缝整合。

(1) MES 的功能模块测试是验证的基础,验证的功能模块具体详列如下。

① 生产管理是 MES 标准功能,包括物料主数据管理、车间存储主数据管理、批次信息查询与管理、工单管理、工单报工管理等功能。验证的功能包括工单管理、物料主数据管理、车间存储主数据管理、批次信息查询、批次属性管理、子批次信息查询、批次事务查询、已执行工作流管理、审计记录管理、解除资源绑定、解除对象锁定、工单报工管理、用户管理界面、差异量报表。

② 数据管理是 MES 标准功能,应用于工作中心、工作站、设备属性、设备类型、设备基础数据,以及它们之间对应关系的维护,是工单执行等生产执行操作的基础。验证的功能包括工作中心管理、设备管理。

③ 处方设计是 MES 标准功能,它基于 ISA S95 标准,提供一套综合架构,用于创建、配置和管理处方、工作流。处方设计是工单、工作流管理执行的基础。验证的功能包括参数、工艺步骤、处方创建、处方审核、处方批准、处方

存档、工作流创建、工作流审核、工作流批准、工作流存档。

④ 生产执行是 MES 标准功能,是生产过程业务操作的执行模块。验证的功能包括工单执行、工作流执行、物料移库、库存调整、退料、子批次拆分、出库单领料、LIMS 请验、差异量调整、无重量称重。

⑤ 生产审核是 MES 标准功能,它支持生产审核人员对工单的偏差信息进行审核、关闭。在生产审核过程中可以查询、打印批记录。审核完成后对工单进行放行。验证的功能包括偏差审核、偏差关闭、批记录查询、批记录打印、批次放行。

⑥ 过程设计是 MES 标准功能,是 MES 的基础平台,应用于 MES 基础的配置与设计。验证的功能包括全局配置、翻译配置、权限配置、标签配置、工艺文件配置、角色配置、图标配置。

⑦ 报表管理是 MES 标准功能,是 MES 的基础平台,应用于 MES 基础的配置与设计。验证的功能包括生产报表、物料报表、标签、质量报表。

(2) MES 的集成测试是验证的重要组成部分,验证的功能主要包括 MES/ERP 系统集成接口测试、MES/SCADA 系统集成接口测试、MES/LIMS 集成接口测试、MES/电子监管码系统集成接口测试及 MES/PAT 集成接口测试 (MES 和 PAT 的接口架构图参见图 7-4)。

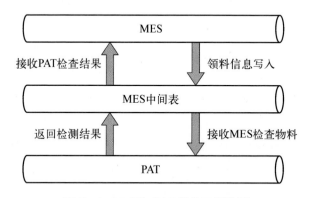

图 7-4　MES 和 PAT 的接口架构图

① MES/ERP 系统集成接口测试包括物料基本信息数据同步、物料批次数据同步、配方数据同步、工单数据同步、出库信息数据同步、工单投料同步、工单产出数据同步、退料数据同步、损耗数据同步、差异量信息同步。

② MES/SCADA 系统集成接口测试包括备料工序设备参数、制粒工序设

备参数、总混工序设备参数、压片工序设备参数、包衣工序设备参数、板装工序设备参数、外包工序设备参数的数据交互。

③ MES/LIMS集成接口测试包括请验数据同步、检验数据同步。

④ MES/电子监管码系统集成接口测试包括工单基本信息数据同步、工单完工信息数据同步。

以拉曼光谱分析管控系统为例,MES/PAT集成接口测试包括MES→拉曼光谱分析管控系统、拉曼光谱分析管控系统→MES。MES在打印原料标签后,向拉曼光谱分析管控系统发送子批次信息,拉曼光谱分析管控系统接收数据,处理完成后,拉曼光谱分析管控系统反馈给MES完成信息交换。

MES的业务流程验证是功能验证的核心,需要对功能设计说明中的业务流程图进行流程确认,同时应对边界条件和错误处理进行测试,以保证系统能按预定的流程运行。

同样以口服固体制剂生产车间中的MES应用为例,典型的系统业务流程如下: 登录系统→工单执行→不锈钢桶准备→登录系统→工单执行→IBC桶准备→登录系统→工单执行→总混入库→登录系统→工单执行→料桶出库→登录系统→工单执行→填充入库→登录系统→工单执行→填充平衡计算→登录系统→工单执行→板装出库→登录系统→工单执行→板装废物料统计→登录系统→工单执行→压片出库→登录系统→工单执行→压片入库→登录系统→工单执行→压片物料平衡。

7.3.6 数据管理平台的验证

1. 数据管理平台简介

这里的数据管理平台特指过程分析仪器相关的数据管理软件、数据库或云平台,主要用于存储过程分析仪器采集的大量工艺数据,可用于数据分析、数据建模、模型库管理等,均可与SCADA系统、MES有交互功能(图7-5),如拉曼光谱分析管控系统等。

2. 数据管理平台验证的实施

以拉曼光谱分析管控系统平台为例,数据管理平台的验证应根据软件分级确定验证的范围和深度,通常此类软件或平台为专属系统或项目开发,一般归类于4类或5类软件,因其运行环境较为复杂,故在安装确认中应进行运行环境的确认并记录。具体确认项目可参见本章7.3.1中的相关内容。

图 7 - 5　数据管理平台系统架构图

　　因该平台存储了大量的工艺数据,运行确认中除了必要的权限确认、数据接口确认、数据库建模和模型管理确认外,还应进行数据的备份与恢复确认、灾难恢复确认等,以确保数据的完整性。如果属于 5 类软件,例如使用自定义脚本实现数据定期备份的系统,还应由供应商提供相应的代码审核文件,以确保备份功能的完整性。

7.3.7　计算机化系统的运行和维护

　　计算机化系统的运行和维护主要考虑以下方面:自动化或计算机系统的日常维护操作规程、故障发生后的应急预案、处理系统故障的相关规程等。委托外部机构或代理人员提供自动化或计算机系统的维护服务时,应在与其签订的协议中明确代理维护人的职责范围和对其资质的要求。

　　影响信息系统安全的突发事件包括但不限于:黑客攻击、计算机病毒、信息丢失或泄密、由于自身原因造成的系统瘫痪、硬件故障(元器件故障、机械故障、介质故障和人为故障等)、软件故障(系统故障、程序故障及病毒故障)及其他影响信息系统安全的突发事件。

　　系统的应急措施应包括黑客攻击事件紧急处置措施、病毒事件紧急处置措施、软件系统遭破坏性攻击的紧急处置措施、设备安全紧急处置措施等。

　　需建立计算机化系统备份清单,对备份行为进行评估,记录备份内容、备份周期、备份存储位置,并经质量保证部批准。

　　备份内容应包含计算机化系统本身产生的,所有与患者安全、产品质量和数据完整性相关的系统记录、数据,以及查看备份数据和系统恢复所需的所有软件(如操作系统、分层式软件和工具、基础产品、定制代码等)。

备份周期应按照系统记录、数据对系统影响的程度(例如,产品质量、患者安全和数据安全性)来确定。对系统有较大影响的记录或数据,依据数据备份操作的难易程度进行每日、每周或每月备份;对系统有中等影响的记录或数据,依据数据备份操作的难易程度进行月度或季度备份;对系统有较小影响的记录或数据,进行年度备份。软件备份无固定备份周期,当软件发生修改之后及时进行备份,如软件版本的升级、项目应用程序的更新等。

所有的系统备份统一存放在受控档案室或受控服务器文件夹下,并对系统备份进行定期审查,将审查结果记录在计算机化系统的定期回顾审查报告中。

系统备份的恢复需经质量保证部批准后方可实施。在系统恢复时应将系统备份数据尽可能地恢复到不同的目录,以避免覆盖系统现有数据。系统相关技术部门完成数据恢复后,通知使用部门确认数据是否完成恢复。

7.4 持续工艺确认

持续工艺确认是工艺验证的第三个阶段,用于确保在商业化生产中工艺处于受控状态。使用过程分析技术有助于对产品和工艺数据的采集、分析和趋势追踪,连续取样及数据分析模型的建立都可以帮助工艺得到进一步的确认和优化。

7.4.1 工艺数据的采集

工艺数据的采集应包括工艺参数、设备性能指标、输入物料、中间品和成品的质量属性,以及和产品质量相关的厂房设施、公用工程运行数据等,采集工作可以由 SCADA 系统来完成。

7.4.2 工艺数据的分析

这些数据可由统计学家或是在统计学工艺控制技术方面受过充分训练的人员开发,用于测定和评估工艺稳定性与工艺能力的数据收集方案、统计学方法及程序,用以全面理解生产各方面对工艺的影响。工艺数据分析包括趋势分析、多变量分析、批间差异和工艺改进评估等。

  对所收集的信息,首先应进行趋势分析,以核实质量属性在整个工艺中受到适当控制,其次运用多变量分析进行模型的再确认或修正,审查批内和批间变异的数据,必要时对分析频次计划、属性检查和方差的预定统计学标准进行开发、实施、评估和改进。详细的持续工艺改进方法参见第9章。

(编写人员:曹 辉、张 阆)

第8章 过程分析技术相关的质量风险管理

【本章概要】 相对于传统制药行业生产过程所使用的监测手段,PAT作为一种新兴的应用技术,能够帮助企业加强对品种生产工艺的认知,降低取样不具备代表性、中间控制不及时或延时等风险,但同时也可能带来生产成本增加、技术和法规监管层面风险提升等问题。本章内容基于项目全生命周期的风险管理原则,详细讨论了过程分析技术项目在立项选择、项目规划、项目实施、项目结束及持续改进等阶段应用PAT可能面临的3个问题:降低的风险;新增的风险;针对新增风险所采取的风险管理,包括风险识别、风险评估、风险控制、风险报告及风险后续跟踪等。

8.1 PAT项目立项阶段的风险管理

过程分析技术经过FDA的推介,在制药工业中日益发挥重要作用,它是连续制造技术的基础之一,也是走向智能制造的起点。过程分析技术是通过对原材料、在线物料(处于加工中的物料)及工艺过程的关键质量参数和性能特征进行及时测量,分析和控制生产加工过程,准确判定中间产品和最终产品质量状况的技术。

当企业决定要在产品的生产过程中应用过程分析技术进行控制时,将会面临来自产品自身技术层面和药品监管层面的双重风险。过程分析技术项目的立项能否成功,一方面取决于产品本身工艺的成熟度,以及关键质量属性是否已明确能在过程中用关键工艺参数来予以控制;另一方面取决于药品监管部门对该产品应用过程分析技术降低质量风险的认可程度,这里所说的认可既可以是合规方面的,也可以是过程分析技术在不同剂型、不同类别、不同风险等级药品的实际应用的成熟度及药监实际批准案例的情况。企业使用过程分析技术的目的,主要为取消、降低对某些项目的检测和管理从而降低生产成本,然而,如果在立项阶段考虑不周,在技术正式上线后,反而可能造成生产成本和质量风险的增加。

8.1.1 产品选择中的风险管理

1. 新产品或新工艺

当要立项对某个新产品或新工艺使用过程分析技术时,需要参考以下三个基本原则。

(1) 相关中间物料属性和工艺过程参数的实时测定与控制应能准确地预报相应成品的属性。

(2) 应根据物料、产品和工艺知识之间的相关性科学资料,将相关物料的分析结果与工艺控制进行有效组合从而替代对最终成品的检测。

(3) 在生产过程中生成或收集的组合工艺测量数据(工艺参数和材料属性)以及其他检测数据应为实时放行检测和批处理的决策提供坚实的基础。

基于对新产品或新工艺理解的深入程度,需要在工艺开发时进行必要的科学研究及风险评估。科学研究,包括 DOE(试验设计)在质量控制的整个过程中扮演了非常重要的角色,是产品质量提高和工艺流程改善的重要保证。在需使用过程分析技术的新产品或新工艺的 DOE 中,应紧紧围绕产品自身关键质量属性及其能被实现的关键工艺参数,从处方设计、工艺路线、设备选择、工艺参数等方面综合进行风险评估,筛选出进入 DOE 的重要因子,并在此基础上进行工艺过程的开发。然而,通过上述方法所制订的新产品的处方工艺路线和工艺控制参数仍具有一定的不确定性或风险,由于生产的批次总数较为有限,关键工艺参数、关键质量属性与预测的相应的成品属性的准确性和重现性还不能完全确定,可能还会出现关键工艺参数控制范围的调整及关键质量属性限度与内容的调整,因此,如要对某个新产品或新工艺使用过程分析技术,为了加深对工艺和产品质量的科学理解与认识,提高项目的成功率,应考虑在研发阶段即将过程分析技术引入其中。

2. 现有产品或现行工艺

当要立项对某个现有产品或现行工艺使用过程分析技术时,可以围绕以下几个方面开展风险管理。

(1) 待选品种历史数据的评估

历史数据可从产品的历年产品质量回顾中进行搜集,这些数据应至少包括生产信息、物料信息、检验信息、核心物料关键质量属性控制图、中间产品关键质量属性控制图、成品关键质量属性控制图、关键设备维护检修情况、关键工艺参数执行情况,历年该品种的生产偏差、检验偏差、稳定性数据汇总,以及该品种近年来与工艺和物料有关的变更项目等。将这些数据通过风险评估的方式去评判待选品种工艺是否稳定,产品质量是否能重现,关键质量属性是否能通过关键工艺参数来实施控制,所选设备是否能很好地控制关键工艺参数,从而选择能实施过程分析技术的现有产品或现有工艺。

(2) 待选品种现有工艺变更的评估

当确定需要对待选品种的现有工艺进行变更,使其适用于过程分析控制时,则应在立项前就按现有的变更指导原则开展相应的评估和验证计划的起草工作,在与药监部门进行充分的沟通并达成一致意见后,才可正式予以立项并进行管理。

(3) 待选品种检测与放行策略的评估

在要采用过程分析技术对现有产品进行线上实时检测和放行前,需要对变更前后检测方法的比对验证及未来的放行策略进行必要的风险评估。在缺乏工艺知识的情况下,将在线过程分析的结果和传统检测的结果进行对比可能是唯一可行的验证模式。企业会花较长时间施行线下、线上检测方法之间的测试对比,而在此期间仍将维持线下检测合格放行的策略。当数据累积到预设的统计量后,经过验证比对的线上测试才能正式使用。需要注意的是,在正式实施线上放行前,企业仍需再次对该品种采用线上放行所带来的可能风险及相对应的处置措施进行评估。

8.1.2　质量指标选择的风险管理

在质量指标选择的风险管理方面可应用风险评估工具,根据风险发现的可能性、严重性及发生频率等定性或定量的方式辨识出品种中、高风险的质量属性,并采取相应的控制措施,将风险降低到可接受的程度。通过对固体制剂生产工艺流程的梳理及对品种生产工艺中间产品、成品质量属性的风险进行评估，根据风险等级的识别和划分，评估出其风险较大的质量属性主要有以下几项。

1. 辅料性状

药品生产用辅料大多为白色或类白色结晶性粉末，外观近似，容易发生混淆，可使用过程分析技术对其正确鉴别。在此基础上，还应分辨辅料在处方中的角色。一般来说，作为填充剂、黏合剂或助流剂的辅料，可考虑在物料到库时使用过程分析技术对每一个包装进行如细度等特性数值的测定，或进行标准图谱的鉴别。

2. 原料晶型

原料药的有效晶型对药物疗效影响重大，是原料的关键质量属性之一。目前，普遍采取外送 X 射线衍射谱的方式对复杂晶型原料药进行入库鉴定及储存稳定性的检测。然而这种方式存在取样代表性以及无法检测某些原料在制备过程中发生转晶现象的问题，因此，可考虑采用线边拉曼光谱等过程分析技术对原料进行实时的晶型检测。

3. 颗粒干燥失重

在压片环节，颗粒水分过高可能产生黏冲或影响中间产品存储稳定性的问题；颗粒水分过低又可能产生裂片。现有颗粒干燥失重的测定方法为离线测试，每次测试时干燥仍在持续进行，存在水分测试滞后或等待时颗粒继续干燥而水分过干的现象。可考虑采用在线近红外光谱分析系统建模，在流化床沸腾干燥过程中实时判断烘干终点，更准确地判断烘干结束的时间。

4. 颗粒混合均匀度

在混合过程中，颗粒如果混合不完全会导致均匀度差的问题，在后续存储及压片过程中产生分层，影响成品中原料药的分布；如果过度混合也可能影响成品的溶出度。目前，主要通过工艺验证对颗粒混合步骤的转速及时间进行确认，并通过多点取样对混合颗粒的含量均匀度进行检测。为了更好地对颗粒混合过程进行控制，可考虑采用在线近红外光谱分析系统建模，在颗粒混合过程中判断混合终点。

5. 颗粒粒度

在压片工序中颗粒是否分层，可通过前期的工艺研究中物料的储存时限验证进行证实，但这仅能证实物料在静置过程中的稳定性情况，无法识别在压片过程中由震荡等因素对颗粒造成的影响。可采用在线近红外光谱对压片下料过程中的颗粒粒度的分布情况进行实时检测,判断是否存在颗粒分层。

值得强调的是,质量指标的选择并不是一劳永逸的事,应根据年度产品质量回顾中发现的问题定期对所选定的指标做适用性的再评估,保证使用过程分析技术进行控制的质量属性既是这个品种的关键质量属性,同时该属性也可使用过程分析技术进行实时控制。当从产品质量回顾中发现有新的、更需要关注的质量指标或质量属性时,则应重新启动风险评估。

8.2　PAT 项目规划阶段的风险管理

8.2.1　过程分析仪器和设备相关的风险管理

(1)过程分析技术在正式使用之前应该进行验证,保证其不仅能够准确地反映当前的工艺状态,而且对药品质量不产生任何不良的影响,这是过程分析仪器发挥作用的先决条件。如使用过程分析技术涉及原生产设备的改造,则需评估改造的风险及可能带来的影响,例如对原有设备开孔增加视窗后是否会导致物料的残留等问题。

(2)应建立完善的操作规程,用以规范仪器和设备的使用。

(3)应建立相关的计量学管理方案,用以规范仪器的校准、维护的内容和周期等。

(4)需建立统一的操作规范,用以应对仪器可能发生的故障。操作规范可围绕两个方面考虑,一是设备故障的根本原因剖析及后续的纠正预防措施;二是如遇到短期内不可恢复的故障,可能对产品的实时放行造成哪些影响。

8.2.2　模型和控制策略相关的风险管理

在线近红外光谱仪通常自带各种分析算法,可以基于"近红外光谱-关键工艺参数"数据,对常用的偏最小二乘(PLS)法、经典最小二乘(CLS)法回归法、主成分回归(PCR)、净分析信号(NAS)法等分析算法的准确度、精度、需要样品量、选取谱段范围、参数设置等方面进行考查与评估,明确其优势及不足。在进行混合均匀度分析时,可采用线性叠加法(LSM)及误差调整单样本技术(BEST)等方法,通过红外光谱间的差异程度分析来表征工艺终点。在进行多指标分析以判断工艺控制终点时,可以通过密度泛函理论(DFT)、二维相关(2DCOS)分析、独立组分分析(ICA)、多元曲线分辨(MCR)算法,从复杂的混合系统中重构或提取待测组分的特征信号,将其与已有算法进行有机整合后构建出相应关键工艺的动态智能分析算法,为后续关键质量属性线边、在线分析模型的创建提供基础。考虑到在线分析是动态的过程,在采用在线近红外光谱仪检测时可采用动态建模的方法,并与"金标准"的结果进行对比,进一步优化与验证建立的模型。一般来说,近红外标准谱图模型建立的主要步骤如下。

(1)收集具有代表性的建模样品。用于建模的样品应具有一定的数量,通常应在 200 个以上。

(2)测量建模样品的被测组分化学分析值。为保证测量结果的准确性,取样过程应具有代表性,同时用于测定的仪器应经过校准并在校准有效期内。

(3)测量光谱数据。

(4)对光谱数据进行预处理。常用的预处理方法包括高频噪声滤除(卷积平滑、傅里叶变换、小波变换等)、光谱信号的代数运算(中心化、标准化处理等)、光谱信号的微分、基线校正、对光谱信号的坐标变换(横轴的波长、波数等单位变换,纵轴的吸光度、透过率、反射率等单位变换)等。由于近红外光谱信号信息内容复杂,通常需要使用统计软件包对化学计量数据进行分析和建模,以从这些光谱中提取和可视化相关信息。化学计量模型应始终以一组独立的样本进行验证。验证报告中应提供近红外光谱模型的详细信息,包括商业软件产品名称、版本和化学计量算法,以及相关的统计接受度标准。

(5)建立校正的模型。常用的建立校正模型的方法包括主成分回归(PCR)、偏最小二乘回归(PLS)和多元线性回归。拟合不足会导致模型的预测结果不可靠,过拟合会导致预测误差增大,因此在建模时应注意避免拟合不足(主成分太少)和过拟合(主成分过多)情况发生。

(6)校正模型的校验。模型质量的好坏可以采用相关系数(R)、校正集标准偏差(SEC)、预测集标准偏差(SEP)及相对分析误差(RPD)这几个统计参数进行评定。在国内外的研究论文中,多采用 SEP 和决定系数来评价近红外光谱法的准确性。模型的准确度方面,可以通过 RPD 对 SEP 进行标准化处理,如果 RPD>10,说明所建模型的准确性、稳定性非常好,可以准确地预测相关参数;如果 RPD 在 5~10 之间,说明模型可以用于质量控制;如果 RPD 在

2.5～5之间,说明该模型只能对样品中所测成分的含量进行高、中、低的判定,不能用于定量分析；如果 RPD 接近 1,说明 SEP 与标准偏差(standard deviation,SD)基本相等,无法准确预测成分含量。

采用拉曼光谱对原辅料进行鉴别的模型建立,可以采用基于相似度的分析方法结合小模型分析法及逆检索峰匹配法作为核心算法。基于相似度的分析方法能对原辅料的类别和晶型进行初步判别,小模型分析法、逆检索峰匹配法等方法能从线和点的角度,进一步挖掘微小的特征信号,实现原辅料多型号、多厂家间的有效鉴别。在此基础上,可采用主成分分析、聚类分析等方法考查各种温度、湿度、光照等环境条件对分析算法结果的影响,验证原辅料类型鉴别和晶型鉴定的分析算法的容错性能,争取从准确性、稳健性上对现有方法进行进一步优化。

模型在不同仪器上的传递和共享可通过斜率/偏差校正(slope/bias adjustments)、选取多元分段校正(Rank-KS-PDS)、多模块偏最小二乘(multiblock PLS)法及双窗口分段标准化(DWPDS)等方法实现。目前影响模型传递、共享和维护的因素较多,如热噪声、不同激发波长等,需要针对不同影响因素筛选出相应的合适的分析方法。图 8-1 为模型传递、共享、演变流程图。

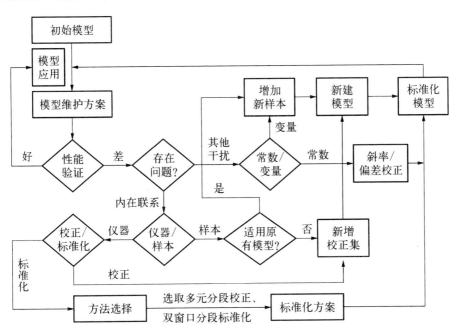

图 8-1 模型传递、共享、演变流程图

建立好的基准图谱或模型应制订统一的命名规则,并设置统一的存档路径,用以规范化管理。模型"退役"后不可删除,只可以禁用的形式停止使用。

8.2.3 物料属性相关的风险管理

在项目规划阶段应对产品物料的属性做较为深入的了解,这既包括原料和辅料的属性,也包括原辅料混合后所形成的混合物料的属性。研究的物料属性一般有粒度分布与密度、生产过程中的流动性质、对工艺动力学与成品质量的潜在影响、停留时间分布(RTD)模型、在传输过程中可能引起的转化等,并根据评估结果对其进行相应的规定与控制。

目前,拉曼光谱分析和近红外光谱分析技术对于某些物料的检测仍具有一定局限性,如荧光物质会对拉曼光谱分析造成较大干扰,而物料中的水分可能会干扰近红外光谱分析对其他含羟基基团成分的检测,因此,需要结合物料的特性筛选出合适的方法。

8.3 PAT 项目实施阶段的风险管理

8.3.1 处方工艺设计和研发的风险管理

处方工艺的设计和研发一般围绕质量属性、质量指标、工艺参数、是否有适宜的 PAT、是否能形成稳定适宜的模型等重要因素展开。一旦确定了产品 CQA(关键质量属性)的可接受范围之后,便可以找出生产过程中对 CQA 有显著影响的关键工艺参数(CPP),并确定各个 CPP 的可接受范围,而这些 CPP 范围便构成该产品的工艺设计空间。一个产品处方工艺设计和研发的最终产物应该是这个产品的工艺设计空间的建立。工艺设计空间的建立一般可分为以下几步。

1. 用风险评估的方式鉴别出潜在 CPP

生产工艺中涉及的变量对 CQA 影响程度有大有小,通过风险评估,可以对这些变量的"重要程度"进行排序,鉴别出对 CQA 有显著性影响的工艺参数。风险评估的方法有多种,如失效模式与效果分析(failure mode and effect analysis,FMEA)、预先危险性分析,也称初始危险性分析(preliminary hazard analysis，PHA)及故障树分析(fault tree analysis，FTA)等。工艺开发的早期,我们可能对该品种的工艺理解程度不够,一般较多采用 PHA,对系统存在的各种危险因素(如类别及分布)的出现和可能造成的后果进行宏观及系统性分析。

2. 建立缩小模型(scale-down model，SDM)

试验设计(DOE)主要是应用统计学的基本知识,讨论如何合理地安排试验、取得数据,然后进行综合科学分析,从而尽快获得最优组合方案的方法。在产品设计中,利用试验设计能以最低的试验成本及最短的时间设计和验证产品的性能;在制造过程中,利用试验设计可以从诸多影响因素中快速找到对过程输出指标影响显著的工艺参数,并将其优化。由于工艺特性鉴定步骤涉及大量 DOE,因此,建立一个能够真实反映生产规模及生产状况的缩小模型十分关键。缩小模型通常在工艺开发早期就已建立,并需经过等效验证试验。

3. 通过 DOE 确定各项 CPP 的可接受范围

在完成潜在 CPP 的鉴别和缩小模型的建立后进行工艺表征,即使用 DOE 方法研究各项潜在的 CPP 变化对 CQA 的影响。根据 DOE 结果计算出各个潜在 CPP 改变引起的 CQA 的变化率,得到有较大影响的 CPP 和较小影响的 CPP,并研究当所有 CPP 偏离最大设定值时工艺的可靠性。

4. 根据 CPP 范围确定工艺设计空间

在 QbD 理念中,产品设计空间为药物的临床效果提供数据可靠性,而工艺设计空间保证了产品设计空间的可靠性。工艺表征完成后,通过分析各个 CPP 变动对 CQA 的影响便可以确定出可靠的工艺设计空间。

8.3.2　过程分析相关确认与验证的风险管理

PAT 设备的确认与验证可遵循 ISPE《调试与确认》(第二版)的思路进行(图 8-2)。在设备的安装确认过程中,还应考虑支架等其他辅助装置的影响,如一款采用光纤探头的近红外设备,其探头通过支架固定在生产设备的视窗上,由于探头需在设备每次清洁时进行拆装固定,因此探头在每次拆装过程的重现性也需要进行证明确认(探头需与蓝宝石镜片完全贴合)。

在过程分析模型正式使用前应对其进行验证或确认,确保其应用的准确性及可靠性。模型的建立,尤其是近红外光谱分析模型的建立,需要人员对建模所需的化学计量学方法等有足够的了解,通常需要药品生产企业与仪器供应商的软件应用工程师共同合作开发。

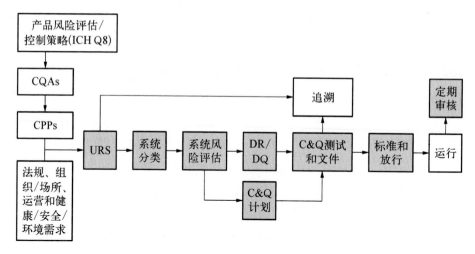

图 8 - 2   验证流程概述及结构

8.3.3   数据采集及记录的风险管理

近些年来,数据完整性及审计追踪的概念越来越被重视,中国《药品生产质量管理规范(2010 年修订)》附录"计算机化系统"第十六条规定,"计算机化系统应当记录输入或确认关键数据人员的身份。只有经授权的人员,方可修改已输入的数据。"杜绝未经许可的人员输入数据的方法有使用钥匙、密码卡、个人密码和限制对计算机终端的访问。应当就输入和修改数据制订一个授权、取消、授权变更,以及改变个人密码的规程。同时,应当考虑系统能记录未经许可的人员试图访问系统的行为。对于系统自身缺陷,无法实现人员控制的,必须具有书面程序、相关记录表及物理隔离手段,保证只有经许可的人员才能进行操作。对于 PAT 相关的数据采集及记录,需考虑采集得到的数据的完整程度和数据内在的完整性风险。

数据完整性相关方针、人员培训及系统技术控制手段(包括操作程序、计算机化系统等)是数据完整性需要考虑的主要风险点。确保数据质量和完整性的系统化设计主要包括时间的权限控制、同步记录、空白记录的受控、数据修改的权限控制、数据自动采集或打印、打印机安装位置合理(数据即时打印)、取样区域的受控(可在摄像头下进行)、原始数据的访问受控、替代操作记录的特殊情况。通过人员、系统等方面的控制,使得数据的采集及记录满足ALCOA+CCEA 原则(表 8 - 1)。

表 8-1　ALCOA+CCEA 原则

原　则	简写	含　义	释　义
Attributable	A	可追溯的	记录可追溯
Legible	L	清晰的,可见的	清晰可见
Contemporaneous	C	同步的	与操作同步生产/录入
Original	O	原始的	第一手数据,未经转手的
Accurate	A	准确的	与实际操作相一致的,无主观造假或客观输入错误
Complete	C	完整的	无遗漏
Consistent	C	一致的	与实际生成逻辑顺序一致,显示的记录人同实际操作者一致
Enduring	E	长久的,耐受的	原始数据长久保存,不易删除、丢弃
Available	A	可获得的	数据在审计时可见,不被隐藏

8.3.4　物料放行的风险管理

将过程分析技术用作物料放行的辅助手段的风险与将其作为物料放行的唯一判断方法的风险明显不同。如将过程分析技术作为传统判断方法的补充,则有助于降低风险。当两者的检测结果一致时,佐证了传统检测方法的准确性及真实性;当两者检测结果存在差异时,则会提醒操作者应展开深入调查,确定导致检测差异的根本原因,并采取相应的纠正预防措施。如将过程分析技术作为物料放行的唯一判断方法,则会产生新的风险点,企业应对放行方法进行充分的验证并具备应对设备发生故障或异常的预案。

8.3.5　故障与维护的风险管理

过程分析技术在应用的早期阶段作为一种辅助性的检测手段,其风险性及影响性较低。当相关的检测设备发生故障后,可基于传统检测手段的结果作为判定依据。当过程分析技术与传统检测方法并行一段时间后,可根据积累的数据及丰富的经验,尝试将其独立运行。为保证设备的良好运行,应制订专门的文件用于设备的维修、保养及计量管理。

8.3.6 偏差/纠正和预防措施(CAPA)系统的风险管理

偏差/纠正和预防措施(CAPA)系统贯穿于整个项目实施的全过程,但在不同的实施阶段对于 CAPA 的处置策略或风险评估的程度可以有所不同。

项目实施阶段主要按照实施计划及验证计划开展相关工作,在此阶段有些功能的设计、硬件软件的配备尚处于初期状态,如果要按照日常 GMP 质量管理体系的要求和流程进行调查,会花费大量时间,往往使得项目无法按时交付,甚至可能会导致项目的整体失败。因此,此阶段的 CAPA 的处置策略或风险评估的要求可不按 GMP 要求的流程处理。在项目结束正式上线前,可以对在验证环境、生产环境的各个验证过程中发生的所有偏差和 CAPA 进行系统梳理,制订针对"系统、仪器、传感器、设备、模型、图谱出现故障时的应急处置措施和风险评估框架内容"的相关文件,为过程控制的实时监测提供保障,也为产品质量的风险评估确定基本的评估方向。当项目实施结束正式上线后,则必须按照 GMP 的要求记录发生的每一次偏差和 CAPA,彻底调查任何偏差或工艺过程的 PAT 检测失败的原因,适当跟踪不良趋势。

8.3.7 变更控制的风险管理

变更控制亦贯穿于整个项目实施的全过程,其在不同阶段的处置策略也可参照 8.3.6 节。一旦正式上线运行后,变更将主要分为三方面。

(1) 产品工艺及关键质量属性的变更

产品工艺及关键质量属性的变更主要包含物料品种和供应商的变化、工艺制备路线的调整、关键生产设备的替换、关键工艺参数或其范围的调整、关键质量属性或其限度的调整等,此类变更均可根据《已上市化学药品生产工艺变更研究技术指导原则》中的要求开展相应的研究和注册申报。

(2) 过程分析系统的变更

过程分析系统的变更主要包含过程分析仪器的变化、系统与设备关键连接装置或零部件替换、检测关键标准品的更换、系统软件的升级、模型的新建、图谱的更新等。

(3) 放行策略的变更

当上述两方面变更出现后,势必会对产品放行策略造成进一步的影响,为

<<<<

了降低变更对产品放行的风险,需预先对放行策略进行风险评估,评估时应使用完整的质量风险管理原则,并建议采用前瞻性的方法。

8.4　PAT 项目结束阶段的风险管理

当过程分析技术项目通过验证获得上线生产使用时,并不意味着关于该产品过程分析的成熟度和匹配度的判定就此结束,相反地,这表示对于整个项目规划、实施阶段所完成工作的评估正式开始,评估可以围绕以下几方面来进行。

(1) 系统本身。需要关注系统在验证环境及生产环境中发生的所有变更和偏差是不是已被全部记录并合规处理完毕,相关文件是不是已全部完成修订和培训。应在验证环境及生产环境的不同阶段,从自动化程度、智能化程度、数据完整性程度、稳定性程度等方面对系统的整体运行情况做出评估,并对发现的问题提出改进措施和实施方案。

(2) 人员熟悉程度。系统的所有者、项目负责人及操作者在验证过程中的参与程度、熟悉程度对于该系统在正式上线后是否能正常运行以及偏差是否能得到尽快处置起着至关重要的作用。因此,应在验证的各个阶段开展小结和经验分享,这样一方面可以完成再培训,另一方面也能对错误进行总结回顾,为系统更好地运行积累经验。

(3) 系统改进。当系统完成验证正式投入线上使用时,即进入持续工艺验证的状态,为保证该系统在商业化生产中持续处于受控状态,应对生产工艺进行实时监控,对工艺稳定性进行测量与评估,如果检测到超出预期的工艺变化,应及时采取适当的纠正措施。

8.5　PAT 项目持续改进阶段的风险管理

在过程分析技术项目持续改进阶段,可以从以下几方面评估选定风险管理的方向。

(1) 在采用了过程分析技术后,可能观察到某些趋势,应持续对这些数据进行收集和分析,建立相关知识库,将积累的产品和工艺知识应用于持续的工艺验证及工艺改进。

(2)应定期对持续工艺验证的方案进行审查和评估,对各个单元操作、工艺参数、设备、关键质量属性和受控策略进行比较,持续评估采用过程分析技术对成品质量可能产生的影响。

(3)应对校准模型进行持续监控。当物料、设备、生产工艺发生重大变更,存在异常或错误的测试结果,采用非常规方法验证标准,分析规程转移,对分析设备进行较大的维护或维修时,往往需要对校准模型进行变更。在变更校准模型前应进行充分评估。在变更研究过程中应明确检测与抽样的方法、可接受标准,以及支持变更的运行次数。必要时应进行可比性研究。如果变更校准模型可能影响药品的有效期,则至少对三个批次的药品进行稳定性研究。实施变更校准模型应有完整的文件和记录,需要经药监部门批准的变更应当在批准后才可实施。

(编写人员:张胤杰、王晓雨、付秋雁、邹任贤)

第 9 章　过程分析技术在药品质量管理持续改进中的应用

【**本章概要**】　持续改进是全面质量管理中的重要因素之一,也是药品生产质量管理中产品安全性和有效性的重要保证因素。将过程分析技术及质量管理贯穿于产品的全生命周期,使每个环节的质量都能得到保障,同时通过数据的收集分析和整理,不断优化质量体系,保证产品工艺和处方的先进性,促进降本增效,提高企业在市场经济中的竞争力。

9.1　过程分析技术在药品质量管理持续改进中的意义

随着全球经济一体化,产品质量决定了一个企业的生存能力,全球的企业都在争夺质量领先地位,而持续改进是质量优化的决定性因素之一。企业要想生存必须拥有高效的改进能力,通过不断寻求改进的机会,持续开展质量改进的活动,增强全体员工的质量意识,从而提升产品质量、降本增效,实现企业的长足发展。持续改进活动建立在对工艺和质量数据的收集与统计的基础上,传统的批次生产方式将通过日常监测、工艺验证和年度回顾分析收集的数据作为持续改进的依据。对于稳定的产品工艺来说,这些数据虽然是可靠的,但是数据量相对较小,不能充分反映生产过程和产品的关键质量属性,采用过程分析技术收集的数据是实时或接近实时的,与传统生产方式相比,能更真实地反映生产过程及产品的关键质量属性,为持续改进提供更为充分的依据。

9.1.1 提升工艺设计能力

以往的工艺设计过程中,由早期试验获取的产品及工艺知识较为有限,然而采用过程分析技术,能够在早期就获得大量数据,基于这些数据,同时采用过程模拟工具能够大大加深对产品工艺开发过程的理解。在以往的工艺设计过程中,围绕某个参数往往需要设计大量的试验,通过多批次、高重复率的试验获得准确、可靠的数据,并基于这些数据对工艺进行改善和设计。实施过程分析技术可以大大缩短数据的收集周期,加快工艺设计的速度。

9.1.2 提升产品质量

过程分析技术是通过实时测量来设计、分析和控制生产的系统,它在工艺过程中能线边或在线测量原料和中间物料的关键质量属性及工艺性能,这些数据是一组即时和连续的数据。采用过程分析技术可以在生产过程中积累大量的工艺数据和产品关键质量属性数据,得到更接近产品的真实的质量属性的数据,确保了工艺运行的稳定性和可靠性。

对于批次生产来说,一个成熟稳定的工艺是通过多批次验证来实现工艺稳定的。在研发阶段、中试阶段和工艺放大过程中经过多次工艺验证来收集数据,正常投产后还要经过多批次的工艺回顾来实现工艺的持续改进。离线检测频率较为有限,一般为每批检测一次或两次,而实施过程分析技术可以大大增加检测的频次,通过实时检测及控制确保生产的物料和最终产品的质量稳定可靠。传统工艺采用离线分析(实验室检测)确认产品质量,一般需要较长时间,而采用线边或在线分析可以大大缩短检测时间。

9.1.3 优化质量管理体系

过程分析技术的应用可以对质量管理活动流程及质量管理体系起到优化的作用。传统的质量控制过程包括取样、储存、检验和数据分析等活动,这些活动需要对人员、设备、物料、文件及环境进行必要的控制,管理环节多、要求高且环环相扣,单个环节出现问题可能会对整个生产过程造成影响;传统的生产活动需要对各种设备运行参数、生产工艺关键参数及生产环境进行监控,这些工作需要消耗大量的人力、物力和时间才能完成,而且得到的数据往往较少,应用过程分析技术能快速准确地进行检验和数据分析,并对生产过程中的各种关键参数进行及时、准确的测量,从而对产品质量和生产进行更加有效的管理与控制。

实施过程分析技术可以为偏差调查提供充分的证据。以往,由于发生偏差的时间和记录的缺失,通常只能采取回忆和询问的方式对偏差进行调查,这样得出的结论在真实性和可靠性上值得商榷,而采用过程分析技术能为偏差调查人员提供实时、充足的数据,从而得到最接近事实的原因和结果。

质量管理活动中需要大量的数据支持,这些数据来自多批次及长时间的生产。对于一些新投产或产量很少的产品来说,质量管理的工作很难开展,所得到的结果也不一定准确可靠。而采用过程分析技术可以收集到大量完整、准确的数据,为各种不同的质量管理活动提供充分、可靠的数据基础。

9.1.4 保持处方、工艺的科学性和先进性

产品的工艺和处方不是一成不变的,一个获批产品的处方和工艺在投产后往往会根据设备、原辅料、质量控制方法、产品标准或新技术应用等的需要对工艺进行变更,传统的方法是在变更前进行大量的试验来确定变更的可行性,然后逐步实施变更,与此同时不断对工艺进行改进,待变更完成后再进行最终的评估。实施过程分析技术可以在试验阶段收集所需要的目标数据,对生产设备、检测方法及工艺的性能进行更为有效的提升,保持产品处方、工艺的科学性和先进性。

9.1.5 促进降本增效

始终坚持持续改进的工作理念,随时随地查找问题、提出改进措施、实施改进及检查反馈,不断改进自身存在的缺陷和不足,就必然实现公司的长远发展。持续改进过程中,企业需要收集大量数据为优化生产工艺、提高生产效益提供依据,在此过程中数据的数量和代表性是较大的挑战,需要设计完整的数据收集方案。应用过程分析技术可以对生产过程进行实时监测,高频率地自动采集更有代表性的数据,这不仅可以减少用人成本,还能提高生产效率。传统的生产采用抽样离线检测的方式对原料和中控指标进行控制。实施实时在线监测无须取样,无须检验人员到达现场,减少了人员的数量和工作量,缩短了检测和放行的时间。实施实时在线监测能更快地发现不合格产品并及时对其采取纠正措施,有效降低产品不合格率和企业运营成本。实时在线监

测后的原料或中间物料不占用仓储空间,可直接放行,更快被投放市场,产生效益。

9.2 过程分析技术在药品质量管理持续改进中的数据收集与分析应用

根据 ISO 9001：2015 质量管理体系要求,企业应收集和分析适当的数据,以确定质量管理体系的适宜性和有效性,并识别可以实施的改进。

对于药品生产而言,企业应根据产品的特性确定需要收集的数据,利用统计技术对数据进行归纳及汇总分析,基于分析结果提出改进措施,并以此为循环,持续改进质量管理体系的运行状况。实施过程分析技术将产生海量的数据,尤其需要运用统计学方法对数据加以研究、概括,可将在线分析的数据模型和整体控制系统的运行数据模型关联,提取出有用的信息并形成有效结论,同时基于分析结果提出改进措施,并以此为循环,支持质量管理体系的正常运行和持续改进。

良好的数据是质量管理的基础,无论是否实施过程分析技术,用于分析的数据和信息应符合以下要求：① 信息要充分、可信,信息不足、失准、滞后常常会导致决策失误。② 收集到的信息对过程、产品及持续改进质量管理体系所发挥的作用要能达到要求,在产品实现过程中要能有效运用数据分析。③ 收集数据的目的应明确、真实和充分,信息渠道畅通。④ 数据分析方法合理,应将风险控制在可接受的范围。⑤ 数据分析所需资源应得到保障。

在线过程分析的数据主要包括设备运行参数和中控检测参数,对这些数据进行分析的原因一方面是为了对过程分析的方法和设备进行确认,另一方面也是更重要的方面,是为了当发生异常的质量问题时,为正确的决策提供理论和数据支持,并为下一个改进过程寻找机会。一般来说,数据分析主要包括以下步骤。

(1) 收集与描述。有目的地收集数据,是确保数据分析过程有效的基础。数据的收集和描述包括对大量的物料关键属性的工艺参数、设备运行的关键过程参数、关键控制参数、产品检验与试验等数据进行收集、整理、统计、列表、作图和描述的过程。进行在线检测时,要科学地选取设备运行参数的监控点

<<<< -

及生产过程控制的检测点,使得生产工艺数据的采集实现真正的全面和实时。日常采用内联、在线或线边的测量方法。

(2)汇总与分析。对生产过程分析技术所获得的各类数据进行汇总与分析,目的是利用这些数据和信息,找出不易发现的、错综复杂的影响产品质量的因素,支持资源配置和过程优化,确保数据分析过程的有效性。同时还可以通过汇总和分析识别信息需求,为收集数据、分析数据提供清晰明确的目标。应建立数据模块,对其进行周期性的持续跟踪,如识别设备运行参数,需要收集的数据可能包括其过程能力、测量系统不确定度、准确度等。

(3)总结与预测。对分析汇总出的规律和问题进行总结,基于总结进行预测,为持续改进奠定基础。

9.3　过程分析技术在药品质量持续改进活动中的应用

企业想要在市场的竞争中生存并占据优势,必须拥有高效的改进能力,通过不断寻求改进的机会,持续开展质量改进活动。围绕药品质量管理的持续改进活动,过程分析技术主要在以下几个方面得到应用。

(1)在持续工艺验证中的应用

开展持续的工艺验证时,使用过程分析技术可以在线获取大量的参数信息,通过采用定量和统计学方法,可以及时分析和获得产品、工艺数据的趋势,并根据趋势制订、实施、评估和改进分析频率计划,以更好地对工艺进行持续改进。

(2)在设备持续确认中的应用

"设备持续确认"与"持续工艺验证"是相辅相成的,既定工艺标准是靠生产设备来完成的。企业必须对设备进行用户需求说明(URS)、设计确认(DQ)、安装确认(IQ)、运行确认(OQ)及性能确认(PQ),以证明其各项指标和性能符合生产工艺技术的要求。

采用过程分析技术对设备进行持续确认是可行的。成型的设备在使用过程中,由于知识熟悉程度、生产过程中的不确定因素、不可预知造成的设计缺陷等原因,会使既定目标无法实现或出现偏差,通过生产过程分析技术形成新的知识体系进行分析、评估,可实现对设备的持续确认。

对于某些连续生产工艺,可能需要设备长时间运行以实现预期的批量规模。由于结垢或磨损,设备性能可能在同一运行期间或在重复运行后逐渐下降。在短期开发运行中,这种性能下降可能无法被观察到。采用过程分析技术可以对设备运行数据进行长时间实时采集及分析,使设备确认信息更为准确全面。此外,诸如设备的更新、大修、搬迁等行为,在生产过程分析技术应用系统的监督下也会更加确实可行。

(3)在生产参数控制改进中的应用

生产参数控制可分为工艺参数控制和设备参数控制。有效的生产参数控制,必须具备准确、全面和一贯性的特征。在生产过程中采用过程分析技术是保证生产工艺参数得以有效控制的优先选择。

过程分析技术可对物料、过程产品和成品的工艺参数、质量属性和工艺偏差等信息进行实时、准确的采集,并通过不断更新的数据,对参数控制采集点、采集时间和频率、变量参数等进行优化,进而实现工艺参数的主动控制和改进。

(4)在中控放行方式持续改进中的应用

传统的药品批量式生产,由于可能对原料和工艺可变性如何影响产品质量的理解有限,因此普遍采用传统质量标准控制法,即依赖严格约束的物料属性和过程参数控制,并通过广泛的最终产品测试降低放行劣质产品的风险。利用过程控制系统可以监控并取得投入物料、中间体、成品的工艺参数和属性的实时信息,在物料移送中检测瞬时干扰和工艺偏差,实现更准确主动的工艺控制,确保质量属性始终符合既定的验收标准。

9.4 过程分析技术应用于药品生产过程自身的持续改进

随着技术的发展,过程分析技术本身也在不断地变化,以适应生产技术改进的需要。通常来说在生产过程中,过程分析技术持续改进的目标主要围绕以下几个方面进行。

(1)简化检测的复杂程度,即通过采用使用及维护均相对简单且常用的分析仪表,或是通过改进算法的先进性和实用性来简化检测手段的复杂程度。如常用 pH 计、黏度计、电导率计、热电阻、水分分析仪、氧分析仪、各种浓度计等代替复杂仪器;或是采用电流的变化对样品混合性能进行监测的方法代替红外检测法等。

(2) 简化检测的指标,即采用简单参数来代替复杂参数,优化检测指标。通过数据处理分析技术的不断推进,更加科学合理化的数据模型将使过程分析技术中的数据变得更有意义,分析的结果也更加接近真实值。

(3) 增加检测的频率和采样样品的代表性。优化采样点,使采样的位置和样品更加接近产品的真实属性。

(4) 优化检测设备,减少维护的频率和频次。通过传感器的更新换代逐步改进过程分析技术中采样困难的问题,使监控数据更加真实、准确。

(编写人员:陈　刚、韦　欣、楼双凤)

参考文献

[1] 森克·恩迪,邓肯·洛,乔斯·C.梅内塞斯,等.过程分析技术在生物制药工艺开发与生产中的应用.褚小立,肖雪,范桂芳,等译.北京：化学工业出版社,2019.

[2] 荣晓阳,梁毅.浅谈 PAT 在 GMP 管理中的应用.机电信息,2010(5)：24-26,29.

[3] FDA. Guidance for industry PAT—A framework for innovative pharmaceutical development, manufacturing, and quality assurance, 2004.

[4] 李灿.微型近红外光谱仪用于氨基葡萄糖关键生产过程中的质量分析研究.济南：山东大学,2017.

[5] 汪晋宽,于丁文,张健.自动化概论.北京：北京邮电大学出版社,2006.

[6] 弓少敏.浅谈数字化制造技术.中文科技期刊数据库(引文版)工程技术,2016(1)：290.

[7] FDA. Guidance for industry：Quality considerations for continuous manufacturing (Draft), 2019.

[8] 工业和信息化部,等.医药工业发展规划指南,2016.

[9] 工业和信息化部产业发展促进中心,等.中国制药工业智能制造白皮书(2020 年版),2020.

[10] FDA. Pharmaceutical cGMPs for the 21st century—A risk-based approach, 2004.

[11] 薛忠,徐冰,张志强,等.药物粉末混合过程在线监控技术研究进展.中国药学杂志,2016,51(2)：91-95.

[12] Sekulic S S, Ward H W, Brannegan D R, et al. On-line monitoring of powder blend homogeneity by near-infrared spectroscopy. Analytical Chemistry, 1996, 68(3): 509 - 513.

[13] Shi Z Q, Cogdill R P, Short S M, et al. Process characterization of powder blending by near-infrared spectroscopy: Blend end-points and beyond. Journal of Pharmaceutical and Biomedical Analysis, 2008, 47 (4/5): 738 - 745.

[14] Bellamy L J, Nordon A, Littlejohn D. Effects of particle size and cohesive properties on mixing studied by non-contact NIR. International Journal of Pharmaceutics, 2008, 361(1/2): 87 - 91.

[15] Rosas J G, Blanco M, Santamaría F, et al. Assessment of chemometric methods for the non-invasive monitoring of solid blending processes using wireless near infrared spectroscopy. Journal of Near Infrared Spectroscopy, 2013, 21(2): 97 - 106.

[16] Fonteyne M, Soares S, Vercruysse J, et al. Prediction of quality attributes of continuously produced granules using complementary pat tools. European Journal of Pharmaceutics and Biopharmaceutics, 2012, 82(2): 429 - 436.

[17] Fonteyne M, Gildemyn D, Peeters E, et al. Moisture and drug solid-state monitoring during a continuous drying process using empirical and mass balance models. European Journal of Pharmaceutics and Biopharmaceutics, 2014, 87(3): 616 - 628.

[18] 陆婉珍. 现代近红外光谱分析技术. 北京: 中国石化出版社,2000.

[19] Demers A M, Gosselin R, Simard J S, et al. In-line near infrared spectroscopy monitoring of pharmaceutical powder moisture in a fluidised bed dryer: An efficient methodology for chemometric model development. The Canadian Journal of Chemical Engineering, 2012, 90(2): 299 - 303.

[20] Kauppinen A, Toiviainen M, Korhonen O, et al. In-line multipoint near-infrared spectroscopy for moisture content quantification during freeze-drying. Analytical Chemistry, 2013, 85(4): 2377 - 2384.

[21] Lee M J，Seo D Y，Lee H E，et al. In line NIR quantification of film thickness on pharmaceutical pellets during a fluid bed coating process. International Journal of Pharmaceutics，2011，403(1/2)：66－72.

[22] Gendre C，Boiret M，Genty M，et al. Real-time predictions of drug release and end point detection of a coating operation by in-line near infrared measurements. International Journal of Pharmaceutics，2011，421(2)：237－243.

[23] Pöllänen K，Häkkinen A，Reinikainen S P，et al. IR spectroscopy together with multivariate data analysis as a process analytical tool for in-line monitoring of crystallization process and solid-state analysis of crystalline product. Journal of Pharmaceutical and Biomedical Analysis，2005，38(2)：275－284.

[24] 冯云霞，褚小立，许育鹏，等.在线核磁共振过程分析技术及其应用.现代科学仪器，2013(6)：5－19.

[25] 王金凤.肝素钠精制过程近红外光谱建模方法研究.济南：山东大学，2014.

[26] 王运丽.近红外光谱在线控制的适用性研究.北京：北京中医药大学，2012.

[27] 魏卓.I＋G结晶过程在线浓度检测及工艺改进探讨.广州：华南理工大学，2016.

[28] Hakemeyer C，Strauss U，Werz S，et al. Near-infrared and two-dimensional fluorescence spectroscopy monitoring of monoclonal antibody fermentation media quality：Aged media decreases cell growth. Biotechnology Journal，2013，8(7)：835－846.

[29] 肖雪.近红外光谱技术在生物发酵和酶法制备中的应用.天津：南开大学，2013.

[30] 姜玮.人凝血因子Ⅷ生产环节中的近红外定量分析研究.济南：山东大学，2015.

[31] 郑志华.基于近红外光谱分析技术的人纤维蛋白原工艺过程控制研究.济南：山东大学，2014.

[32] 刘珈羽，李峰庆，郭换，等.白及粉品种近红外快速定性鉴别模型的建立.

成都中医药大学学报,2018,41(1):34-37.

[33] 罗阳,曹丽亚,钟潇骁,等.近红外光谱法同时快速鉴别3种麻黄药材品种.药物分析杂志,2017,37(2):345-351.

[34] 唐艳,王维皓,刘江弟,等.基于近红外技术的西洋参质量评价及产地鉴别.中药材,2018,41(3):540-545.

[35] 吴永军,杨越,郑继宇,等.近红外光谱技术快速鉴别淫羊藿药材产地.时珍国医国药,2017,28(8):1902-1905.

[36] 周雨枫,董林毅,杨哲萱,等.三七近红外多指标快速质量评价.中成药,2019,41(3):613-619.

[37] 刘宏群,孙长波,曲正义.近红外光谱技术在人参定性、定量和在线检测分析中的应用.中国药房,2018,29(13):1855-1858.

[38] 巩晓宇,邱双凤,彭炜,等.近红外光谱法快速鉴别苦参饮片的真伪.中国医院用药评价与分析,2016,16(7):883-885.

[39] 张延莹,张金巍,刘岩.近红外技术在白芍醇提在线质量监控中的应用.中国医药工业杂志,2010,41(9):662-665.

[40] 王永香,李森,米慧娟,等.应用统计过程控制技术研究建立青蒿金银花醇沉过程中实时放行标准.中草药,2016,47(9):1501-1507.

[41] 徐芳芳,冯双双,李雪珂,等.青蒿浓缩过程在线近红外快速检测模型的建立.中草药,2016,47(10):1690-1695.

[42] Simon L L, Pataki H, Marosi G, et al. Assessment of recent process analytical technology (PAT) trends: A multiauthor review. Organic Process Research & Development, 2015, 19(1):3-62.

[43] 国务院办公厅,国务院办公厅关于促进医药产业健康发展的指导意见,2016.

[44] 乔延江,杜敏,史新元,等.欧盟制药工业近红外光谱技术应用、申报和变更资料要求指南(草案).世界科学技术(中医药现代化),2012,14(4):1933-1943.

[45] FDA. Guidance for industry: Quality systems approach to pharmaceutical CGMP regulations, 2006.

[46] FDA. Guidance for industry: Process validation: General principles and practices, 2011.

[47] PDA. Technical report No. 60 process validation: A life-cycle approach, 2013.

[48] ASTM E2474 - 06. Standard practice for pharmaceutical process design utilizing process analytical technology.

[49] ASTM E2629 - 20. Standard guide for verification of process analytical technology (PAT) enabled control systems.

[50] ASTM E2898 - 20a. Standard guide for risk-based validation of analytical methods for PAT applications.

[51] FDA. Advancement of emerging technology applications for pharmaceutical innovation and modernization guidance for industry, 2017.

[52] FDA. Quality considerations for continuous manufacturing guidance for industry, 2019.

[53] 冯艳春, 肖亭, 胡昌勤. 欧美制药工业中过程控制主要标准和指导原则简介. 中南药学, 2019, 17(9): 1416 - 1420.

[54] EMA. Guideline on real time release testing, 2012.

[55] EMA. Annex 17 of EU guidelines for good manufacturing practice for medicinal products for human and veterinary use-real time release testing and parametric release, 2018.

[56] EMA. Annex 15 of EU guidelines for good manufacturing practice for medicinal products for human and veterinary use-qualification and validation, 2015.

[57] EMA. Guideline on process validation for finished products information and data to be provided in regulatory submissions, 2016.

[58] EDQM. Process analytical technology, 2018.

[59] ICH Q8(R2). Pharmaceutical development, 2009.

[60] ICH Q9. Quality risk management, 2005.

[61] ICH Q10. Pharmaceutical quality system, 2008.

[62] ASTM E2363 - 14. Standard terminology relating to process analytical technology in the pharmaceutical industry.

[63] ASTM E2891 - 20. Standard guide for multivariate data analysis in pharmaceutical development and manufacturing applications.

［64］ASTM E1655 - 17. Standard practices for infrared multivariate quantitative analysis.

［65］ASTM E1790 - 04（2016）e1. Standard practice for near infrared qualitative analysis.

［66］ASTM E2617 - 17. Standard practice for validation of empirically derived multivariate calibrations.

［67］Prabhakar G P. Projects and their management: A literature review. International Journal of Business and Management, 2008, 3(8): 3 - 9.

［68］Fontalvo-Lascano M A, Méndez-Piñero M I, Romañach R J. The business case for process analytical technology（PAT）—A starting point, 2020.

［69］何小琳. 项目管理在新药研发中的应用. 心血管外科杂志(电子版), 2018,7(1): 182 - 183.

［70］朱睿中.FMEA 在设备管理工作中的应用探究. 设备管理与维修,2018 (19): 15 - 17.

［71］Fontalvo-Lascano M A, Méndez-Piñero M I. Development of a business case model for process analytical technology implementation in the pharmaceutical Industry//Proceedings of the 5th NA International Conference on Industrial Engineering and Operations Management. Michigan: [s. n.], 2020.

［72］Perkampus H H. UV - VIS spectroscopy and its applications. Berlin: Springer-Verlag, 1992.

［73］Blanco M, Alcalá M, González J M, et al. A process analytical technology approach based on near infrared spectroscopy: Tablet hardness, content uniformity, and dissolution test measurements of intact tablets. Journal of Pharmaceutical Sciences, 2006, 95 (10): 2137 - 2144.

［74］Sarraguça M C, Ribeiro P R S, Santos A O, et al. A PAT approach for the on-line monitoring of pharmaceutical co-crystals formation with near infrared spectroscopy. International Journal of Pharmaceutics, 2014, 471(1/2): 478 - 484.

[75] Schaefer C, Lecomte C, Clicq D, et al. On-line near infrared spectroscopy as a process analytical technology (PAT) tool to control an industrial seeded API crystallization. Journal of Pharmaceutical and Biomedical Analysis, 2013, 83: 194 - 201.

[76] 艾立,梁琼麟,罗国安,等. 近红外光谱在药学中的应用. 亚太传统医药, 2008,4(6): 52 - 54.

[77] 孙栋,臧恒昌. 近红外光谱分析技术在固体制剂生产中的应用. 食品与药品,2012,14(2): 139 - 143.

[78] De Beer T, Burggraeve A, Fonteyne M, et al. Near infrared and Raman spectroscopy for the in-process monitoring of pharmaceutical production processes. International Journal of Pharmaceutics, 2011, 417(1/2): 32 - 47.

[79] Orlando A, Franceschini F, Muscas C, et al. A comprehensive review on Raman spectroscopy applications. Chemosensors, 2021, 9(9): 262.

[80] De Beer T R M, Bodson C, Dejaegher B, et al. Raman spectroscopy as a process analytical technology (PAT) tool for the in-line monitoring and understanding of a powder blending process. Journal of Pharmaceutical and Biomedical Analysis, 2008, 48(3): 772 - 779.

[81] 李津蓉. 拉曼光谱的数学解析及其在定量分析中的应用. 杭州: 浙江大学,2013.

[82] 姚赛珍. 两种新型表面增强拉曼散射(SERS)基底的制备及其增强效应研究. 上海: 复旦大学,2013.

[83] 仝永涛,高春红,高春生. 口服固体制剂连续生产与过程控制技术研究进展. 中国新药杂志,2017,26(23): 2780 - 2787.

[84] 邢丽红. 近红外和紫外光谱法在痰热清注射液质控中的应用. 杭州: 浙江大学,2011.

[85] 谢慧军,甘勇,陈庆华. 近红外光谱分析技术在制剂领域中的应用. 中国药学杂志,2009,44(2): 87 - 91.

[86] 于宝珠,辛明,施朝晟,等. 微型近红外分析仪用于药物制剂混合中的在线检测. 中国药事,2008,22(7): 560 - 563.

[87] 屈健. 近红外光谱技术在兽药检测中的应用前景. 中国兽药杂志,2008,

42(9)：53 - 56.

[88] 省盼盼,罗苏秦,尹利辉. 过程分析技术在药品生产过程中的应用. 药物分析杂志,2018,38(5)：748 - 757.

[89] 袭辰辰. 近红外光谱技术在制药过程控制中应用的新进展. 医药前沿,2013(17)：55 - 56.

[90] Avalle P, Pollitt M J, Bradley K, et al. Development of process analytical technology (PAT) methods for controlled release pellet coating. European Journal of Pharmaceutics and Biopharmaceutics,2014,87(2)：244 - 251.

[91] 杨玉茹. 生产设备对药品质量的影响. 国际医药卫生导报,2004,10(15)：59 - 60.

[92] 邵义红,范建伟. 标准操作规程与 GMP 实施的关系探讨. 齐鲁药事,2009,28(8)：505 - 507.

[93] 丛骆骆,等. 药品生产质量管理规范(2010 年修订)检查指南. 首都医药,2014,21(5)：57 - 58.

[94] ICH Q2 (R1). Validation of analytical procedures：text and methodology,2005.

[95] 杜雯君,梁毅. 药品实时放行检测简介. 机电信息,2012(8)：23 - 26.

[96] Li W L, Xing L H, Fang L M, et al. Application of near infrared spectroscopy for rapid analysis of intermediates of Tanreqing injection. Journal of Pharmaceutical and Biomedical Analysis,2010,53(3)：350 - 358.

[97] Li W L, Qu H B. Rapid quantification of phenolic acids in *Radix Salvia Miltrorrhiza* extract solutions by FT - NIR spectroscopy in transflective mode. Journal of Pharmaceutical and Biomedical Analysis,2010,52(4)：425 - 431.

[98] 韩言正. NIR 光谱在线分析中的异常检测与系统改进. 杭州：浙江大学,2006.

[99] 褚小立,袁洪福,陆婉珍. 在线近红外光谱过程分析技术及其应用. 现代科学仪器,2004(2)：3 - 21.

[100] 褚小立. 近红外光谱分析技术实用手册. 北京：机械工业出版社,2016.

[101] 李斌. 近红外光谱技术在中药制药过程在线质量分析中的应用研究. 杭州：浙江大学,2005.

[102] 梁逸曾,许青松. 复杂体系仪器分析：白、灰、黑分析体系及其多变量解析方法. 北京：化学工业出版社,2012.

[103] ASTM D6122 - 22. Standard practice for validation of the performance of multivariate online, at-Line, field and laboratory infrared spectrophotometer, and raman spectrometer based analyzer systems.

[104] 李沙沙,陈辉,赵云丽,等. 硫酸羟氯喹颗粒水分含量测定近红外定量模型的建立. 沈阳药科大学学报,2019,36(7)：593 - 599.

[105] 李沙沙,赵云丽,陆峰,等. 近红外光谱分析技术用于硫酸羟氯喹原辅料混合均匀度在线定量监测. 第二军医大学学报,2019,40(9)：995 - 1000.

[106] 程翼宇,瞿海斌,等. 医药分析信息学及分析数据处理技术. 北京：化学工业出版社,2006.

[107] 梁逸曾,吴海龙,俞汝勤. 分析化学手册- 10 -化学计量学. 3 版. 北京：化学工业出版社,2016.

[108] Alamar M C, Bobelyn E, Lammertyn J, et al. Calibration transfer between NIR diode array and FT - NIR spectrophotometers for measuring the soluble solids contents of apple. Postharvest Biology and Technology, 2007, 45(1)：38 - 45.

[109] Bouveresse E, Massart D L. Improvement of the piecewise direct standardisation procedure for the transfer of NIR spectra for multivariate calibration. Chemometrics and Intelligent Laboratory Systems, 1996, 32(2)：201 - 213.

[110] Balabin R M, Safieva R Z, Lomakina E I. Comparison of linear and nonlinear calibration models based on near infrared （NIR） spectroscopy data for gasoline properties prediction. Chemometrics and Intelligent Laboratory Systems, 2007, 88(2)：183 - 188.

[111] 覃礼堂,刘树深,肖乾芬,等. QSAR 模型内部和外部验证方法综述. 环境化学,2013,32(7)：1205 - 1211.

[112] 袭辰辰,冯艳春,胡昌勤.PDS 算法进行近红外定量模型更新的效果评估.分析化学,2014,42(9):1307-1313.

[113] 张文军,张运陶.QSAR/QSPR 模型验证方式与预测能力的关系研究.计算机与应用化学,2010,27(2):201-205.

[114] Mantanus J, Ziémons E, Lebrun P, et al. Moisture content determination of pharmaceutical pellets by near infrared spectroscopy: Method development and validation. Analytica Chimica Acta, 2009, 642(1/2):186-192.

[115] Mantanus J, Ziémons E, Lebrun P, et al. Active content determination of non-coated pharmaceutical pellets by near infrared spectroscopy: Method development, validation and reliability evaluation. Talanta, 2010, 80(5):1750-1757.

[116] Wu Z S, Xu B, Du M, et al. Validation of a NIR quantification method for the determination of chlorogenic acid in *Lonicera japonica* solution in ethanol precipitation process. Journal of Pharmaceutical and Biomedical Analysis, 2012, 62:1-6.

[117] Wu Z S, Du M, Sui C L, et al. Feasibility analysis of lower limit of quantification of NIR for solvent in different hydrogen bonds environment using multivariate calibrations//2012 International Conference on Biomedical Engineering and Biotechnology. [s. l.]: IEEE, 2012.

[118] 吴志生,史新元,徐冰,等.中药质量实时检测:NIR 定量模型的评价参数进展.中国中药杂志,2015,40(14):2774-2781.

[119] The United States Pharmacopeial Convention. 〈1058〉 Analytical instrument qualification//United States Pharmacopoeia, 2016.

[120] ASTM E2500-20. Standard guide for specification, design, and verification of pharmaceutical and biopharmaceutical manufacturing systems and equipment.

[121] 胡延臣.药品连续生产及全球监管趋势.中国新药杂志,2020.29(13):1464-1468.

[122] ISPE. GAMP 5: A risk-based approach to compliant GxP computerized

systems，2008.

［123］曹辉. 从 GMP 合规性角度谈计算机化系统验证. 机电信息，2018(29)：
12-15,25.

［124］国家食品药品监督管理局药品认证管理中心. 药品 GMP 指南：质量控
制实验室与物料系统. 北京：中国医药科技出版社，2011.

［125］肖力塘. IEC/ISO 62264 国际标准探析. 中国标准化，2012(12)：118-
122.

［126］国家食品药品监督管理总局. 计算机化系统//药品生产质量管理规范
(2010 年修订)，2015.

［127］罗维. MES 系统中数据集成子系统的设计与实现——以 SIMATICIT
为平台. 北京：中国地质大学(北京)，2007.

［128］周震宇，张彦武，基于 ISA S88 标准的批量控制策略的研究与实现. 自
动化仪表，2004,25(10)：1-4.

［129］王爱民，ISAS 88 标准模块在医药生产控制中的应用. 机电产品开发与
创新，2014,27(6)：118-121.

［130］习近平. 中华人民共和国主席令(第一二〇号). 中华人民共和国全国人
民代表大会常务委员会公报，2022(5)：723-733.

［131］FDA. Part 11，electronic records；Electronic signatures-scope and
application，2003.

［132］ISPE. Baseline pharmaceutical engineering guide volume 5：commissioning
and qualification，2019.

［133］ISO 9001：2015.